图3-1（彩图1）

图3-2（彩图2）

图3-3（彩图3）

图3-4（彩图4）

图3-10（彩图5）

图3-11（彩图6）

图3-12（彩图7）

图3-13（彩图8）

图3-14（彩图9）

图3-15（彩图10）

图3-16（彩图11）

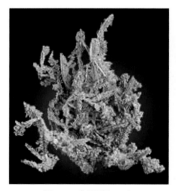

图4-1（彩图12）

图4-2（彩图13）

图4-3（彩图14）

图4-4（彩图15）

图4-5（彩图16）

图4-6（彩图17）

图4-7（彩图18）

图4-8（彩图19）

图4-9（彩图20）

图4-10（彩图21）

图6-1（彩图22）

图6-2（彩图23）

图6-3（彩图24）

图6-5（彩图26）

图6-4（彩图25）

图6-6（彩图27）

图6-7（彩图28）

图6-8（彩图29）

图6-10（彩图31）

图6-9（彩图30）

图6-11（彩图32）

图6-12（彩图33）

图6-13（彩图34）

图6-14（彩图35）

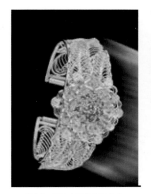

图6-15（彩图36）

图6-16（彩图37）

图6-17（彩图38）

图6-18（彩图39）

图6-19（彩图40）

图6-20（彩图41）

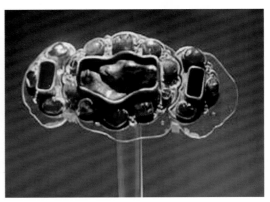

图6-21（彩图42）

图6-22（彩图43）

图6-23（彩图44）

图7-2（彩图45）

图7-3（彩图46）

图7-4（彩图47）

图7-5（彩图48）

图7-6（彩图49）

图7-7（彩图50）

图7-8（彩图51）

图7-9（彩图52）

图7-10（彩图53）

图7-11（彩图54）

图7-12（彩图55）

图7-13（彩图56）

图7-14（彩图57）

图7-15（彩图58）

图7-16（彩图59）

珠宝专业
职业院校教材

ZHUBAO ZHUANYE ZHIYE YUANXIAO JIAOCAI

SHOUSHI JIAGONG YU ZHIZUO GONGYI

首饰加工与制作工艺

杨 超 李 飞 编 著

张 恒 刘 婉 徐 斌 副主编

张代明 主 审

云南出版集团公司
云南科技出版社
·昆明·

图书在版编目（CIP）数据

首饰加工与制作工艺 / 杨超, 李飞编著. -- 昆
明：云南科技出版社, 2013.4（2022.1重印）
中等职业学校教材
ISBN 978-7-5416-7023-7

Ⅰ. ①首… Ⅱ. ①杨… ②李… Ⅲ. ①首饰－制作－
中等专业学校－教材 Ⅳ. ①TS934.3

中国版本图书馆CIP数据核字(2013)第069729号

责任编辑：唐坤红
李凌雁
洪丽春
封面设计：晓　晴
责任校对：叶水金
责任印刷：翟　苑

云南出版集团公司
云南科技出版社出版发行
（昆明市环城西路609号云南新闻出版大楼　邮政编码：650034）
云南灵彩印务包装有限公司印刷　全国新华书店经销
开本：787mm×1092mm　1/16　印张：10.25　字数：250千字
2013年10月第1版　2022年1月第6次印刷
定价：48.00元

云南省珠宝专业职业院校教材
编 委 会

专家委员会：（以姓氏笔画为序）

邓 昆 刘 涛 李贞昆 肖永福 张化忠 张代明

张竹邦 张位及 张家志 吴云海 吴锡贵 杨德立

施加辛 胡鹤麟 戴铸明

执行主编：张代明

编委会主任：姚 勇

编委会副主任：袁文武 范德华 杨 旭

主任委员：（以姓氏笔画为序）

寸德宏 毛一波 白宝生 白 恒 李泽华 李春萍

刘建平 朱维华 杨自新 赵宙辉 段炳龙 侯炳生

蒋 荣 张健雄

参编人员：（以姓氏笔画为序）

王娟鹃 李 飞 李 意 吕 静 张一兵 张应周

宋文昌 余少波 余世标 祁建明 谷清道 段 俊

祖恩东 赵敬文 郝志云 黄绍勇 曾亚斌

序

　　云南科技出版社牵头组织了云南省珠宝玉石界的专家学者，与云南省大中专院校珠宝专业的教师们一起，结合云南珠宝产业，计划编写一套适合大中专珠宝职业教育的系列教材，有三十多本，包括了珠宝鉴定、首饰设计、首饰制作、珠宝首饰营销、玉雕工艺等各个方面。

　　云南是我国珠宝资源相对丰富的地域，发现有红宝石、祖母绿、碧玺、海蓝宝石、黄龙玉等宝石矿产，又毗邻缅甸接近世界最大的翡翠、红宝石的矿产资源，不可不谓之得天独厚。改革开放以来，云南也成为我国珠宝产业高速发展的省份。近年云南省又提出发展石产业，把以宝玉石、观赏石、建筑石材料为主的石产业打造成继烟草、旅游、生物等产业之后的又一支柱产业和优势特色产业。

　　产业的发展需要大量的人才，尤其珠宝产业的各个领域和层次都需要懂得珠宝知识、具有珠宝文化、掌握专业技术的专业人才，目前，我国的珠宝行业还比较缺乏这样的人才。这套教材的编写出版，为云南培养适用性珠宝专业人才提供了必要的条件，有利于缩小在这方面与国内外的差距。

　　由于经常到云南作学术交流、教学和科研合作，与云南大专院校的教师接触多，与云南的珠宝企业也接触较多，再加自己也长期从事珠宝专业教学，了解珠宝产业对适用型人才的渴求，故对这套教材的出版也抱有很大期望。期望这套教材图文并茂、易学易懂、针对性好、适用性强，成为培养珠宝鉴定营销师、首饰设计加工工艺师、玉雕工艺师等专业人才的系统教材，达到适应云南珠宝产业发展的初衷。

　　在这样一个历史的大背景下，看到这套教材的出版，作为一个从事珠宝教育与研究的工作者甚感欣慰。

中国地质大学（武汉）珠宝学院前院长
博士研究生导师

前　言

　　珠宝首饰在人类历史上出现得很早，在我国，珠宝首饰有着悠久的历史和光辉灿烂的文化底蕴，早在新石器时代，原始人已经使用各种石头、骨、木、牙、贝等各种材料制作各种首饰。据考古发现，我国在商代就已开始用黄金制作首饰了，如在北京平谷刘家河商代中期墓葬中，曾出土金臂钏两件、金耳环一件；在山西石楼商代遗址中也出土过金耳环。1968年河北省满城汉代中山靖王墓中出土举世闻名的金缕玉衣，采用金丝和玉片编织而成，其工艺令人叹为观止。1987年在陕西宝鸡法门寺地宫出土的各种金银器，代表了当时最高的加工工艺。1958年在北京昌平明定陵出土的万历皇帝金丝冠，做工精良，可谓达到了首饰行业的顶级水平，早在春秋战国时期，就会熟练运用泥范合铸、失蜡法浇铸、鎏金、走珠、金银错等工艺制作各种首饰。千百年来，我国首饰以其富有民族特色的造型设计和精湛的制作工艺，在世界上享有盛誉。

　　随着我国改革开放的不断深入，人们的收入水平不断提高，自20世纪80年代以来，我国的珠宝首饰产业得以迅速发展。中国珠宝行业2010年的铂金需求量已逾50吨，占据全球铂金首饰需求量的65%；中国2011年黄金需求总量增加20%至769.8吨，在第四季度，中国消费190.9吨黄金，登上黄金消费国榜首。同时我国还是世界上最大的软玉和翡翠消费市场。可以说，我国珠宝消费已经在国际上占据重要地位，市场的走向将直接影响国际市场的动向和价格。国内的珠宝首饰市场需求也迅速扩大，中国珠宝首饰行业年销售总额连续多年高速增长，继 2009年达到2200亿元后，2010年销售总额又攀新高，达到2500亿元，同比增长13.64%。据中国珠宝玉石首饰管理中心估计，中国将在 2020年成为世界上最大的珠宝消费市场。随着我国加入WTO和经济全球化的影响，珠宝首饰产业既面临着新的机遇，更面临着严峻的挑战。

　　面对新的市场环境和激烈的市场竞争下，珠宝首饰企业必须努力提高其首饰制作的工艺技术水平，增强珠宝首饰产品在国内、国际市场的竞争能力。在此基础上，对于从事本行业的人员培训就显得至关重要，为此我们编写了本书。本书共分13章，由杨超老师执笔完成。具体章节的编写分工如下：第1~4章、第9~12章由杨超老师编写，第5~6章由李飞老师编写，第

7章由刘婉老师编写，第8章、第13章由张恒老师编写，全书统稿工作由佘梦琳老师完成，本书外文资料翻译和照片拍摄由徐斌老师完成。在编写过程中，我们得到了昆明赵氏珠宝首饰赵绪峰先生和香港恒港珠宝、深圳市定生生珠宝首饰有限公司总经理谢景飞先生的大力支持和帮助，许多图片资料均取材于其公司，在此我们向赵绪峰先生和谢景飞先生表示由衷的敬意和感谢！在本书的编写过程中，我们得到了中国珠宝玉石首饰行业协会理事、石家庄经济学院珠宝学院王礼胜院长、云南国土资源职业学院珠宝学院刘婉老师、云南大学外语学院徐斌老师、华中师范大学佘梦琳老师、昆明市旅游学校珠宝专业全体老师、中国地质大学（武汉）珠宝学院万梦娇、韩静、鲍博洋同学及云南珠宝行业的各位专家和同仁的支持和帮助，在此表示诚挚的谢意。

由于贵金属首饰材料与制作工艺技术发展很快，加之我们水平有限，书中不当之处在所难免，恳请各位专家、读者批评指正。

编者

目 录

第一章 绪 论

第一节 首饰的演变及发展历史

　　珠宝首饰的产生和发展经历了漫长的历史阶段，从旧石器时代由骨骼、野果等材料制成的原始、质朴的首饰萌芽开始，到现代种种造型奇特、工艺考究的饰物，首饰的演变同人类社会的发展一样，经过了一个漫长的历程。

　　随着社会生产力的提高，人类的生存环境及物质需求也有明显的上升。作为一种劳动人民高度智慧与精湛技艺的结晶，首饰在材料、品种等方面都得到了高速的发展，从而逐渐形成了灿烂辉煌的中国首饰文化。

一、材 料

图1-1

　　在人类的首饰制作初期，所用材料十分简单，基本都是直接从大自然获取，例如动物的牙齿、骨骼、羽毛；植物的花朵、果实、叶子；海滩的珍珠、贝壳等等都是制作首饰的材料。随着生产水平的提升，生产工具的改善，人类慢慢地掌握了越来越复杂的技术，在金属工具出现后，人类摆脱了石器时代首饰材料使用的局限性，开始对更为复杂的宝玉石材料与金属材料进行加工，使首饰材料的来源越来越丰富，陶瓷、塑料、玻璃、宝石、丝麻织物、羽毛、皮革、纤维织物及各种合金稀有金属等都开始成为首饰制作的原材料。而以往常用的金银等材料在纯度上有了明显提高，同时在颜色上也有了丰富变化。（如图1-1）

　　在人们对珠宝首饰需求的日益增长下，大量新型首饰材料被开发和利用，使制作首饰的材料几乎无所不包，最具代表性的就是合成宝石和养殖珍珠及珊瑚的产生。在不久的将来，会有更多的材料被用于首饰的加工，他们在推进珠宝业发展的同时也印证了人类文明历史的不断进步。

二、品 种

在古代，社会生产力水平较低，工艺技术水平较为落后，首饰的种类很少，样式也非常简单。一根用绳子穿着的野果或者树枝便是一条项链，而一根经过打磨的兽骨可能就是一枚发簪。随着生产力水平的提高，人类社会的不断发展，对自然认识的不断加深及人们对美的追求日益上升，首饰的材料也逐渐丰富，制作工艺也变得更加精湛。

人们开始在手腕、脚腕以及腰部佩戴饰物，慢慢地衣服、帽子等也被装饰起来，于是有了项链、耳环、手镯、戒指、发夹、鼻坠、脚环、帽花、胸花、领夹、别针以及无法命名的首饰。

第二节　首饰的定义及分类

一、首饰的定义

1. 早期定义

"首饰"一词始于明清时期，主要指头部饰物，后由于戒指的发展大大超过了其他品种的发展，又因"手"与"首"同音，因而戒指等"手饰"也被统称为"首饰"。（如图1-2）

2. 现代定义

又称狭义首饰，是指用各种金属材料或宝玉石材料制成的，与服装相配套起装饰作用的饰品。由于首饰大多使用贵金属材料和各类宝玉石，所以价值较高。

3. 广义定义

首饰是指佩戴在人体上外露部分的特殊装饰物。（如图1-3）

图1-2

二、首饰的分类

首饰分类的标准很多，根据不同的划分方式可以把首饰划分为不同种类：

1. 按材料分类

按制作材料的不同将首饰划分为：黄金首饰、铂金首饰、银首饰，镶嵌首饰、珍珠、翡翠、皮革、陶瓷、木头等。其中贵金属首饰中又分为纯金（银）首饰和K金首饰；镶嵌首饰中根据宝石的种类分为钻石首饰、彩宝首饰等。

图1-3

2. 按工艺手段分类

可将首饰分为：手工制作（浇铸、锻打、编织）、机器制造（冲压、铸造、激光雕刻）。

3. 按用途分类

流行首饰（大众流行、个性流行），艺术首饰（收藏、摆件、佩带）。

4. 按装饰部位分类

发饰、冠饰、耳饰、脸饰、颈饰、胸饰、手饰、腰饰、脚饰等。

第三节　国内首饰的市场前景

自改革开放以来，伴随着国民生产总值的显著提高，我国的珠宝首饰业得到前所未有的发展。目前我国珠宝首饰的年营业额总额已达到1000多亿元，并且每年以8%～10%的速度增长，从业人员从2万余人发展到200万余人。我国是世界上最大的铂金消费国，2010年铂金需求量达50吨以上；我国是亚洲最大的钻石市场之一，2009年首饰成品钻的一般贸易进口总额同比增长84.8%，达到12.92亿美元；"十三五"期间我国黄金每年产量为500吨左右，累计生产黄金达到2000吨以上，新增黄金基础储量3000～3500吨；同时我国还是世界上最大的玉石和翡翠消费市场。由此观之，在珠宝消费与供应方面我国已在国际上占据了重要的地位，市场的走向将直接影响国际市场的动向和价格。

可以预见的是，国际珠宝首饰业在未来一段时间内，将是群雄纷争的局面，而中国在其中的地位会越来越重要。

第一，中国珠宝首饰消费市场潜力巨大。这不仅立足于中国巨大的消费人口，更立足于中国每年GDP的高增长率。事实上，中国逐年增长的珠宝首饰消费总额充分验证了这一点。由于目前珠宝首饰消费的市场空间比较大，一方面促使业内企业不断扩大规模，特别是在营销领域"挖渠布网"，以抢占市场先机；另一方面，会吸引众多新进入者参与"掘金"。一些长期外销的珠宝业者开始转变思路，转战内地市场。

第二，首饰分层次消费的局面正在逐步形成。不同的消费者存在不同的需求，且这种需求越来越呈个性化发展的趋势。因此，不同种类的珠宝首饰都能找到自己的市场空间。从调查情况来看，黄金、铂金、钻石多年来一统天下的局面正在被打破，消费者对不同材质首饰的选择越来越宽泛，对款式的选择也更加挑剔。持续开发新品的能力，成为企业核心竞争力的标志，同时也成为行业洗牌的重要因素。我国大陆现已成为全球第二大珠宝制造基地，并在5～10年内将跃升为最大制造基地，在10～15年内更将成为全球最大的珠宝消费市场。2010年，我国珠宝行业有60～70家珠宝企业成为中国名牌产品企业，珠宝年销售总额超过2000亿元，出口超过70亿美元，成为全球珠宝首饰加工和消费中心之一，也成为全球的珠宝贸易中心之一。到2020年，我国珠宝产业年销售总额突破3545亿元，出口超过157亿美元。到那时，我国将成为全球最具竞争力的珠宝首饰制造和贸易中心之一，也将成为世界最大的珠宝消费市场。

第四节　国内首饰生产状况

中国内地珠宝业从20世纪90年代开始，如同别的行业一样，短短十几年的时间走过了国外几十年甚至上百年的历程。在这段时间里，内地珠宝加工业经过了手工作坊、加工工厂、品牌树立的发展过程。有许多珠宝企业曾以每年开一个厂的发展速度发展。目前全国从事首饰生产和销售的大、小厂家近10000家，从业人员达200多万，主要分布在广东、青岛、义乌三地，并形成了以首饰行业为主体，注塑、电镀、包装等相关行业为配套的产业链，成为中国轻工行业和商业批发的支柱产业之一，产品销往世界各地。

广东首饰行业始于20世纪70年代中后期，是中国饰品行业的发源地，也是中国最早生产和销售首饰的地区。早期的首饰都是由家庭式作坊生产的。经济改革开放后，广东地区凭借良好的交通地理位置及经济优势吸引了一部分外商纷纷投资设厂，从事首饰生产的大、小厂家达4000多家，从业人员近100万，2004年全省产销值近600亿元。

义乌首饰行业的兴起以经销广东饰品的义乌商人在1992年创办了第一家饰品厂为标志。随着首饰生产企业快速发展，并延伸到温州、绍兴、杭州、东阳等地，在浙江省形成了一个以义乌为中心的饰品产业群。

青岛首饰行业兴起于韩国的流行首饰加工，因为韩国一直以来都是时尚首饰流行趋向的所在地，青岛凭借良好的地理位置优势吸引相当一部分的韩国人在当地投资设厂，从事中、高档首饰生产，在国内占有一定份额。

总体看来，在我国首饰生产行业中，广东厂家约占45%，义乌厂家约占35%，青岛约10%，其余的厂家分布在各地。广东、义乌与青岛三地亦因此成为首饰的三大生产基地，形成了三足鼎立的局面。不可否认，我国已成为世界上重要的珠宝首饰生产基地之一，以高产量、低附加值的简单加工为主要特征，但近年来受国际金融危机持续蔓延与加深等因素影响，国际市场对珠宝首饰等高档奢侈品的消费需求日益减弱，在此背景下，我国珠宝首饰出口面临的诸多问题显得更为突出：

一是上游金价高位运行，加大企业出口成本。由于近半年以来，美元币值稳定性被削弱，黄金作为另一重要投资避险工具，其国际价格被逐步推高，每盎司现货黄金收盘价由2008年11月17日的734.9美元上涨至2011年8月29日的1895美元，仅2009年5月中旬前5天的价格涨幅就高达1.8%。

二是来自传统珠宝制造的竞争压力增大。尽管世界经济衰退明显，但印度在2009年的珠宝行业出口值仍接近219亿美元的预期目标，同比增长1.5%，其中黄金首饰出口增速高达23.6%。而香港地区作为世界销售中心，则占据印度珠宝约1/4的出口比重，大大挤压了内地珠宝对港出口空间。

三是行业整体抵御出口风险能力较弱。目前，我国珠宝首饰加工制造企业间专业化分工和协作水平不高，款式设计及创新能力不强；同时，还缺乏核心竞争力强、市场占有率高并具有国际影响力的珠宝首饰领军企业和拳头品牌，行业整体仍处于较低水平发展，抵御外部市场冲击和出口风险的能力较弱。

针对这些不足之处珠宝加工行业应做到以下几点：

1. 生产设备的改进

在改革开放初期，我国的首饰制造业大多为作坊或半作坊式，随着国内需求的日益扩大以及国家在进出口方面的优惠政策，首饰行业得到了飞速发展。不少厂家经过十几年，甚至短短几年的努力，已经发展成大中型企业。但是即使是这些在国内首饰制造行业领先的企业，其生产设备也比较落后，仍然带着十分明显的作坊式色彩。

2. 款式的创新

目前一些首饰厂家的设计人员和技术人员对国内外首饰的创新与发展缺乏必要的了解，基本上不学习创新，只是有样学样。而一些厂家也只是打算单纯的模仿，艺术水准较低，这也导致了国内的首饰款式在创新上和风格上十分滞后。这样的设计，不仅不能开拓和引领市场，而且也无法满足有较高品位的消费者的需求。这需要国内首饰生产企业注重设计师的挑选和培养，提高审美和技术水平。

3. 独创的工艺

首饰制造业在工艺上进展缓慢，以全国首饰加工业的中心深圳来说，其各厂家的技术工艺，基本上是沿袭香港的路子。因为这些企业创办之初，大都聘请香港技工做师傅，但这些师父并非都是一流首饰制作高手，而且有时在技艺传授方面也会有所保留。同时，在传承方面也是可能因为理解偏差而导致承袭方面出现问题。因此，国内首饰厂家设计制作出来的饰品，普遍水准都比较低，很少有能超出香港产品的。这对首饰工艺的提高，实在缺少推动力。

4. 信息化的管理水平

现代珠宝生产离不开信息化的支撑，但相比较电子制造业，国内珠宝生产加工业还处于较低水平。珠宝自身的物流及工艺特点和企业管理现状，造成了珠宝企业信息化的特点。其中，生产制造环节的物料管理、库存控制、工序管理、人工管理，是信息化的重中之重。做好珠宝首饰生产的管理信息化，可以立竿见影地为企业降低生产成本、减少物料损耗、实时掌控库存、提高生产效率、公平透明的进行绩效管理，最终提高订单履行率、客户满意度、增加企业利润。

复习思考题

1. 什么是首饰？请说出市场上常见的首饰材料有哪些？
2. 首饰的分类有哪些？自己试着创新出一种分类方法。
3. 进行一次市场调研，看看当地首饰行业存在的问题。

小结

本章介绍了首饰的演变历史及首饰的定义、分类，详细介绍了我国目前首饰的市场，并对整个首饰行业进行了一个全面的分析，阐述了我国现在首饰行业还处于一个作坊式的生产模式。设施设备的落后，生产技艺的落后，人才的缺乏，直接影响到整个行业的发展。

第二章　贵金属材料

第一节　贵金属概述

　　贵金属是指自然界产出，产量较稀少、价值比较高，化学性质稳定，物理性质良好的铜族和铂族元素。贵金属主要指金、银和钌、铑、钯、锇、铱、铂等8种金属元素。这些金属大多数拥有美丽的色泽，对化学药品的抵抗力相当大，在一般条件下不易引起化学反应。从性质上讲，金、银和铜有不少相似性，称为铜族元素。钌、铑、钯、锇、铱、铂六个元素相互间也有许多相似性质，故称这六个元素为铂族元素或铂族金属。

　　贵金属元素的基本物理性质列于表1-1。

表1-1　　　　　　　　　　　　　　　　贵金属的基本物理性质

物理性质	钌	铑	钯	银	锇	铱	铂	金
硬度（Hm）	6.5	7	5	3	7	6.5	4.5	2.5
密度（g/cm³）	12.45	12.41	12.02	10.49	22.61	22.65	21.45	19.32
熔点/℃	2427	1966	1550	961	3027	2454	1770	1063

　　颜色方面，金为金黄色，锇为蓝灰色，银为银白色，其余为钢白色。加工后的致密金属表面对光都有很强的反射能力。

　　金、银具有最好的加工性能，1g金可拉成4320m长的细丝，铂、钯的加工性能在铂族金属中最好，纯铂可以冷轧为厚0.0025mm和锻打为0.000127mm的铂箔，拉制为直径仅0.001mm的细丝；铂族金属都有很强的吸附气体的特性，海绵状的铂可吸收超过其体积114倍的氢，钯可达自身体积的3000倍，铑也有类似的性质。

第二节　贵金属的用途及行情

　　贵金属用途十分广泛，贵金属除首饰外，还大量用于电子产品、化工和特殊合金等方面。

　　贵金属元素由于有优良的物理化学性能（如：高温抗氧化性和抗腐蚀性）、电学性能（优良的导电性、高温热电性能和稳定的电阻温度系数等）、高的催化活性、强配位能力等，在工业中用途极广，其应用的"少、小、精、广"的特点，因而被称为现代工业的"维他命"。贵金属与当代高新技术的发展关系密切。

1. 贵金属用作首饰

自从原始社会开始，先民们学会利用贵金属作为利用材料，制作与生产生活相关的贵金属工具、首饰和装饰品。随着文明的进步和社会发展，以及科技的突飞猛进，黄金等贵金属制成的首饰日益成为人们的追捧，并视之为地位财富的象征。在诸多贵金属中，黄金是人类利用最早的自然元素之一。黄金的化学稳定性极高，在碱及各种酸中都极稳定。在空气中不被氧化，也不变色，具有极佳的抗变色性和抗化学腐蚀性。黄金的诸多特性决定了其在首饰中的广泛应用。除黄金外，银是另外一种被广泛用作制作首饰的贵金属。银的化学稳定性较黄金差，在室温下表面会逐渐氧化生成黑色的膜。但是银具有诱人的白色光泽，较高的化学稳定性和收藏观赏价值，深受人们（特别是妇女）的青睐，因此有"女人的金属"之美称，广泛用作首饰、装饰品、银器、餐具、敬贺礼品、奖章和纪念币。银首饰在发展中国家有广阔的市场，银餐具备受家庭欢迎。银质纪念币设计精美，发行量少，具有保值增值功能，深受钱币收藏家和钱币投资者的青睐。20世纪90年代仅造币用银每年就保持在1000～1500t上下，占银的消费量5%左右。

最后一种常见的制作首饰的贵金属是铂族金属。主要有由铂族元素矿物熔炼的金属铂、钯、铑等。

首饰用金属包括三大类：第一类是贵金属如金、银、铂及铂族元素。为克服贵金属较软而无法镶嵌宝石的缺陷，也为了制作受人喜爱的颜色品种，常添加一定量的其他金属，生产出各种贵金属合金。第二类是贱金属如铜、锡、锌、锑、铅、铁、镍和铝等。这些贱金属除以一定比例添加入贵金属中制作贵金属合金外，也以不同比例相互添加制成各种合金，如铜基合金、锡基合金等。有些也单独使用。如铜首饰、铁首饰、铝首饰等。为改善外观，提高价值，贱金属首饰常用机械包覆或电镀的办法包一层贵金属。第三类是高熔点金属如钛、钽、锆、铌等。这些金属具有能通过加热或阳极氧化使表面被着色的特性，近年来在制作装饰首饰和流行首饰中有广泛应用。除上述三类金属外，锗也开始用于制作首饰。

2. 贵金属工业应用

贵金属具有相似的物理化学性质，贵金属的这些物理化学特性，使得其在工业上和实验室内也得到了广泛的应用，特别是在国防、化工、石油精炼、电子工业是不可缺少的重要原料。

在环保领域贵金属催化剂被广泛应用于汽车尾气净化、有机物催化燃烧、CO、NO氧化等。在新能源方面，贵金属催化剂是新型燃料电池开发中最关键的部分。在电子、化工等领域贵金属催化剂被用于气体净化、提纯。据分析表明，世界上70%的铑、40%的铂和50%的钯都应用于催化剂的制备。

3. 贵金属用作国际储备

贵金属作为国际储备这一作用主要是对其中的黄金而言。各国要储备黄金是由其黄金货币商品属性决定的。由于黄金的优良特性，历史上黄金充当货币的职能，如价值尺度，流通手段，储藏手段，支付手段和历史货币。随着社会经济的发展，黄金已退出流通领域。20世纪70年代布雷顿森林体系瓦解，黄金与美元脱钩，黄金的货币职能也有所减弱，但仍保持一定的货币职能。目前许多国家，包括西方主要国家国际储备中，黄金仍占有相当重要的地位。

黄金是最可靠的保值手段，本身具有价值，故购买力相对稳定，在通货膨胀的环境下，金价同步上涨。另一方面，在通货紧缩时，金价不会下跌，因为历史上每逢政治变革和金融黄金储备局势的动荡就出现抢购黄金的浪潮。黄金储备完全属于国家自主的权力之内，一国拥有黄金可以自主控制不受外来干预。

黄金相对纸币，具有相对的内在稳定性，而纸币则受发行国家或金融机构的信用和偿付能力的影响，债权国处于被动地位，不如黄金可靠。黄金作为各国储备，作用不容忽视。当今各国黄金储备总量已达33100吨左右。

入围2011年全球黄金储备前20强的国家和地区依次为：

表1-2　　　　　　　　　　　2011年全球黄金储备的国家（地区）和组织

排名	国家/地区/组织	黄金储备（吨）	黄金储备占外汇储备（%）
1	美国	8133.5	74.2
2	德国	3401.0	71.4
3	国际货币基金组织	2814.0	
4	意大利	2451.8	71.2
5	法国	2435.4	66.2
6	中国	1054.1	1.6
7	瑞士	1040.1	7.7
8	俄罗斯	836.7	7.7
9	日本	765.2	3.3
10	荷兰	612.5	58.9
11	印度	557.7	8.7
12	欧洲央行	502.1	31.3
13	中国台湾	423.6	5
14	葡萄牙	382.5	85.1
15	委内瑞拉	365.8	85.1
16	沙特阿拉伯	322.9	3.3
17	英国	310.3	15.9
18	黎巴嫩	286.8	29.6
19	西班牙	281.6	40.2
20	奥地利	280.0	54.7

近年来我国黄金的储备情况：2011年，国家外汇管理局宣布，我国黄金储备达到了1045吨，与2003年以来的600吨相比增幅为75.6%。我国黄金储备的历史变迁。1999年，我国黄金储备大约400吨，2001年我国黄金储备有500吨，2003年我国的黄金储备达到600吨。2009年1045吨这个数据不仅对于中国黄金市场的发展具有重要的意义，对于中国经济未来的发展具有重要的意义，而且它改写了国际黄金储备的排名榜。

近年来我国黄金年产量变化：公开资料显示，1978~2007年，我国黄金年产量由19.67吨增至270.5吨，年均增长9.8%，开始成为世界第一大产金国；2008、2009年产量分别达到282.01吨和313.98吨。2010年我国黄金产量达340.88吨，同比增长8.57%，再创历史新高；我国已连续四年成为世界第一产金大国。

近年来我国黄金消费量情况：2007年中国黄金首饰需求达到了302.2吨，进入2008年以来，中国的黄金消费持续升温，2009年消费量高达454吨。2010年消费量达571.5吨。目前中国对黄金的消费量已经超过了美国，成为世界上第二大黄金消费国，仅次于印度。但人均下来，世界年度黄金消费量约为1.2克，中国约为0.2克，发达国家黄金储备在外汇储备中的占比为40%~60%，中国还不到2%。也就是说，我们前面还有很远的路要走，尽管我们前面已经取得了很大的成绩，我们还有很多事要做。

4.贵金属的世界行情走势

表1-3　　　　近十年来首饰用贵金属世界行情走势（伦敦定价）（美元/盎司）

品种	黄金	白银	铂	钯
2002年	309.88	4.6	539.41	337.57
2003年	363.57	4.88	691.69	200.47
2004年	409.72	6.67	845.31	229.37
2005年	444.74	7.32	896.87	201.37
2006年	603.46	11.55	1142.31	320.27
2007年	695.39	13.38	1303.05	354.86
2008年	871.57	14.97	1571.22	350.64
2009年	972.35	14.67	1203.49	263.27
2010年	1224.53	20.19	1608.98	525.51
2011年	1895.00	48.70	1887.00	858.00

以上数据截止到2011年8月31日，来自www.kitco.cn

表1-4　　　　2011年前半年首饰用贵金属行情走势（伦敦定价）（美元/盎司）

日期	黄金	白银	铂	钯
2011年3月	1423.43	35.81	1769.08	761.85
2011年4月	1474.72	41.97	1794.25	771.22
2011年5月	1511.31	36.75	1785.90	736.25
2011年6月	1528.52	35.8	1768.86	769.83
2011年7月	1565.65	37.71	1755.66	783.99
2011年8月	1886.50	40.30	1805.08	842.00

以上数据截止到2011年8月31日，来自www.kitco.cn

第三节　贵金属的发现历史

黄金是人类最早发现和使用的金属之一。早在新石器时代（约10000年前~约4000年前）人类已识别了黄金。中国最迟在商代中期（公元前14~前13世纪）已掌握了制造金器的技能，在河南安阳等地出土的殷商文物中即有金箔。《周礼·地官》中说：壮（音矿）

人掌金玉锡之地。这是古代文献关于矿冶的最早记载，相传战国时期随着商业的发达，黄金成为通行的货币，加上封建统治阶级的奢侈生活装饰的需要，对黄金的需要随之增大。春秋时期著名齐相管仲作的《管子·地数》篇中有"上有丹砂，下有黄金；上有磁石，下有铜。"之载。黄金之所以被人类最早认识，是因为黄金的特殊物理性质和特殊的化学性质所决定的，黄金在自然界可以以单质形态存在，而其他金属往往以化合物的形态存在。

在古代，人类就对银有了认识。银和黄金一样，是一种应用历史悠久的贵金属，至今已有4000多年的历史。由于银独有的优良特性，人们曾赋予它货币和装饰双重价值，国外的银币和新中国成立前用的银圆，就是以银为主的银铜合金。银比金活泼，虽然它在地壳中的丰度大约是黄金的15倍，但它很少以单质状态存在，因而它的发现要比金晚。在古代，人们就已经知道开采银矿。《山海经》中记载"其上有礝砂，下有银"，由于当时人们取得的银的量很小，使得它的价值比金还贵。公元前1780至前1580年间，埃及王朝的法典规定，银的价值为金的2倍。甚至到了17世纪，在日本，金、银的价值还是相等的。银最早用来做装饰品和餐具，后来才作为货币。

16世纪初，一支西班牙探险队在南美平托河流域发现了金矿，西班牙人在开采黄金过程中，发现矿物里有一种貌似白银的重金属与黄金伴生，被称为"平托河上的银"，但这种该死的白色金属熔点比白银还高，很难提炼，为黄金的生产带来了麻烦，特别是从精金矿中提炼黄金时总是被这种白色物质干扰。这种白色物质便是我们今天熟知的铂族金属。

此后1778年哥伦比亚发现砂铂矿，并开始采掘。1817年俄罗斯发现乌拉尔彼尔姆砂铂矿并予以利用。南非1908年开始开采原生铂矿。从19世纪后期到20世纪50年代后，美国、澳大利亚、日本、芬兰、新西兰以及一大批发展中国家（如中国、缅甸、巴西、智利、埃塞俄比亚、塞拉利昂、刚果、赞比亚）先后发现铂矿，但从储量到产量，仍一直由俄罗斯、南非与加拿大三国占据着，三国总储量占到总量的85%。

铂的开采早期以开采砂矿为主，主要是哥伦比亚与俄罗斯。到19世纪后期，加拿大发现大型原生矿。20世纪20年代南非发现布什维尔德矿床，使原生铂开始取代砂矿。随后前苏联在20世纪60年代发现了诺里尔斯克铂矿，美国发现斯蒂尔沃特铂矿，使原生铂矿完全取而代之。

总而言之，贵金属的发现和开采历史早于其他金属。贵金属的砂矿早于原生矿开采。

第四节　贵金属的开采与冶炼

金、银和铂族金属钌、铑、钯、锇、铱、铂等8种金属元素统称为贵金属，本节介绍贵金属的开采与冶炼，主要以金银为例。

金银的生产方法有两大类：①从矿石中直接提取金银；②从有色金属生产中综合回收金银。

从砂金中提取金、银，一般用重力选矿法，即可把金、银富集，然后提炼。从岩金矿中提取金、银一般都要进过选矿流程，最后用混汞、氰化等方法提取。

混汞法是把金矿石和汞及水一起细磨，使粒金与汞形成金汞膏。加热金汞膏使汞蒸发，即可得金。氰化法是用的氰化钾或氰化钠的水溶液中并有氧的情况下溶解金，再用锌使金从溶液中置换析出。

银矿很少用氰化法混汞法而多用混汞法处理。又因矿石中的银矿石是各式各样的，直接用氰化法提银很不利。所以，银矿先经氧化焙烧后氰化，这样可提高银的回收率。

金银矿的湿法冶金中，还有硫脲法、氰化法、多硫化物法等。但主要还是氰化法。

1.混汞法提取

混汞法是一种古老的提金方法。由于汞对金粒有良好的润湿性，所以在它们接触时，首先形成固溶体，其后形成Au_3Hg、Au_2Hg、$AuHg_3$等化合物，即所谓汞膏。汞膏组成由不均匀至均匀直至接近Au_2Hg成分的过程称为汞齐化。游离状态的银可以直接汞齐化；化合物的银则需加入还原剂使银还原后才能混汞形成汞膏。

2. 氰化法提取

金在水中不起任何反应，也不溶于强酸或强碱中。因此，要使金成为易溶而又稳定的金离子，必须使它转化为络合物离子。在氧存在浸出金时，络合能力最强的络合剂是氰化物，其次是硫脲和氯离子，此即所谓氰化法、硫脲法和氯化法。

氰化法是用氰化物（KCN或NaCN）溶液浸出矿石中的金银，然后再从浸出液中提取金银的方法。氰化法的金银回收率高，对矿石的适应性强。但氰化物有剧毒，对环境有污染，又易被其他金属离子干扰。

3.熔炼灰吹法

提取银（提金）主要方法，它基于金银能与铜、铅等金属形成化合物而被富集在冶炼过程的副产物中，之后利用氧化灰吹使铜、铅形成氧化物分离金银。

4.从阳极泥中提取

有色金属矿，如铜、镍、铅、锌、锑等矿石中，一般都或多或少地含有贵金属。铜矿石一般含金较多，铅矿石一般含银较多，镍矿石一般含铂族元素较多。

铜、铅精矿中的贵金属，在整个火法冶炼过程中，都随主体金属进入相应半成品和成品中，直至在电解精炼时，贵金属才与主体金属分离而进入阳极泥。阳极泥富集了精矿中的贵金属，成为提取金、银等贵金属的重要原料，最后将阳极泥熔炼铸块、电解，得到纯的贵金属。

第五节　世界及我国贵金属储量分布

1. 世界黄金资源

世界现查明的黄金资源量为8.9万吨，基础储量为7.7万吨，储量为4.8万吨。世界上有80多个国家生产金。南非占世界查明黄金资源量和基础储量的50%，占世界储量的38%；美国占世界查明资源量的12%，占世界储量基础的8%，世界储量的12%。除南非和美国外，主要的黄金资源国是俄罗斯、乌兹别克斯坦、澳大利亚、加拿大、巴西等。在世界80多个黄金生产国中，美洲的产量占世界33%（其中拉美12%，加拿大7%，美国14%）；非洲占28%（其中南非22%）；亚太地区29%（其中澳大利亚占13%，中国占

7%）。年产100吨以上的国家，除前面提到的5个国家外，还有印度尼西亚和俄罗斯。年产50~100吨的国家有秘鲁、乌兹别克斯坦、加纳、巴西和巴布亚新几内亚。此外墨西哥、菲律宾、津巴布韦、马里、吉尔吉斯斯坦、韩国、阿根廷、玻利维亚、圭亚那、几内亚、哈萨克斯坦也是重要的黄金生产国。

表1-5　　　　　　　　　　　　　　　主要产金国的金储量及开采方式

国家	储量/t	开采方式
南非	23636	脉金、矿体大，品位一般为6~8g/t………
前苏联	6220	岩金占30%，砂金占70%………
美国	2488	脉金50%，副产金占40%，砂金10%~20%
加拿大	1306	脉金占74%，副产金25.5%，砂金占0.5%
澳大利亚	715	以脉金为主，巴西85%为私人露天矿开采

表1-6　　　　　　　　　　　　　　　世界黄金产量　　　　　　　　　　　　单位：吨（t）

–	1991	1992	1993	1994	1995	1996
欧洲	651.3	662.9	681.7	650.0	591.5	534.9
亚洲	56.1	78.3	73.9	75.2	91.2	91.4
美洲	664.5	673.6	664.3	706.5	688.7	690.9
大洋洲	305.7	327.2	325.1	328.8	320.0	355.7
中国	104.2	113.1	121.0	124.1	136.4	120.6
世界总计	2040.1	2124.9	2124.4	2144.2	2072.6	2041.7

2. 世界白银资源及产量

表1-7　　　　　　　　　　　　　　　世界银矿资源　　　　　　　　　　　　单位：吨（t）

国家	前苏联	墨西哥	加拿大	美国	澳大利亚	秘鲁
储量	43545	42612	36080	28615	24260	21150
占世界总储量	17.9%	17.5%	14.8%	11.7%	10.0%	8.7%
远景储量	49766	43545	43545	55986	34214	29548

3. 我国金、银资源

（1）伴生金资源

我国黄金储量占世界第四位，可谓黄金大国。资源的最大特征是伴生金储量比率很高，为33.5%，世界伴生金储量比率只14.1%，我国12个最大的金储量超过50t的矿床中，伴生金矿床就占7个，这也是导致我国贵金属生产成本偏高的一个因素之一。

①各省伴生金分布不平衡：江西、湖北、安徽、甘肃、黑龙江5个省占伴生金储量的73.58%，加上青海、湖南、山西、云南、江苏共计高达91.75%。

②伴生金和单一金矿（岩金+砂金）在前五省中没有一省重复。

③岩金储量首位的山东（招远）和伴生金储量占首位的江西两者总储量相当接近，

分别占全国储量的第一和第二。

（2）伴生银资源

我国伴生银矿保存储量62319t，占全世界银总储量的59.6%，资源比较丰富。

特点：

①分布相对集中。

江西：11946t，占伴生银总储量19.2%

湖北：5184t

广东：5265t

广西：4175t

云南：4875t

>2000t（甘肃、青海、内蒙古、江苏、四川、湖南）

②富伴生矿少，贫伴生矿多银品位>50g/t，富伴生银矿储量为14700t，占23.6%银品位<50g/t，储量为47610t占76.4%。

③伴生银多产于铅锌矿中，次为铜矿。

铅锌矿44%　　　　铜矿31.6%　　　　锡铝锌矿6.8%

金矿4.5%　　　　　钼矿3.5%　　　　多金属矿2.6%

富矿主要产于铅锌矿中。

④伴生银矿产地多，储量多集中于大中型矿区。

大型	14处	21164t	占34%
中型	73处	28166t	占45.2%
小型	87处	9379t	占15%
<50t	184处	3598t	占5.8%

复习思考题

1. 贵金属包括哪些？请详细描述出它们的基本性质。

2. 了解常见的贵金属的用途。

3. 每天进行贵金属国际报价查询。

4. 了解一下世界和我国的贵金属资源分布。

小结

贵金属是一种储量稀少、价格高、化学性质稳定、物理性质良好的金属。包括金、银、铂、钯、铑、铱、锇。在航天、电子、化工、首饰行业都有广泛的运用。贵金属资源在世界上是分布不均的，贫矿多，富矿少，单一矿少，伴生矿多。

第三章　金

第一节　金的概述

黄金（Gold）即金，化学元素符号Au，是一种质地较软的，金黄色的，抗腐蚀、抗氧化性很好的贵金属。金是金属中最稀有、最珍贵的金属之一。

人们习惯上根据成色的高低把金分为纯金、赤金、色金3种。经过提纯后达到相当高的纯度的金称为纯金，一般指黄金含量达到99.6%以上成色的金。赤金和纯金的意思相接近，但因时间和地方的不同，赤金的标准有所不同，国际市场出售的黄金，成色达99.6%的称为赤金。而境内的赤金一般在99.2%～99.6%之间。色金，也称"次金""潮金"，是指成色较低的金。这些黄金由于其他金属含量不同，成色高的达99%，低的只有30%。

按含其他金属的不同划分，金又可分为清色金、混色金等。清色金指黄金中只含有白银成分，不论成色高低统称清色金。清色金较常见于金条、金锭、金块及各种器皿和金饰品。混色金是指黄金内除含有白银外，还含有铜、锌、铅、铁等其他金属。根据所含金属种类和数量不同，可分为小混金、大混金、青铜大混金、含铅大混金等。

K金是指金与其他金属按一定的比例，按照足金为24K的公式配制成的黄金。一般来说，K金含银比例越多，色泽越青；含铜比例大，则色泽为紫红。我国的K金在解放初期是按每K=4.15%的标准计算，1982年以后，已与国际标准统一起来，以每K为4.1666%作为标准。

黄金及其制品的纯度叫作"成"或者"成色"。公元前200年，希腊数学家阿基米德（Archimedes）曾为判断一顶皇冠是否纯金做成的而发愁。他在浴盆里洗澡的时候发现了被后人称为"阿基米德原理"定律：浸入液体的物体受到向上的浮力；浮力的大小等于它排开液体的重量。从而圆满地证实了国王定做的皇冠是否纯金做成的。

那么，黄金的纯度究竟如何表达呢？通常用"K金"表示黄金的纯度：在理论上我们把含量100%的金称为24K；所以计算方法为100/24（括号内为国家标准）：国家标准GB11887-89规定，每K（英文carat、德文karat的缩写，常写作"K"）含金量为4.166666%，在理论上100%的金才能称为24K金，但在现实中不可能有100%的黄金。

所以我国规定：含量达到99.6%以上（含99.6%）的黄金才能称为24K金。低于9K的黄金首饰不能称之为黄金首饰。在黄金制品印记和标识牌中，一般要求有生产企业代号、材料名称、含量印记等，无印记为不合格产品。国际上也是如此。但对于一些特别细小的制品也允许不打标记。

第二节　金的使用及用途

一、金的使用

人类采金已有6000年的历史，迄今为止，人类已经开采约10万吨黄金。

（1）加纳（非洲）盛产黄金，誉为"黄金之国"，1462年，欧洲人达仁巴吉首航到加纳，发现王公贵族们把金丝编入头发，胡子上也吊有金饰，身首各部、衣饰都是金饰，他返回欧洲后称其为"黄金海岸"，引起探险和掠夺。

（2）哥伦比亚（美洲）：欧洲殖民者称之为"遍地黄金"。16世纪西班牙人入侵，掠夺。玛雅人抵抗，将黄金埋藏。19世纪后期，人们根据传说不断探密寻金，而且也不断挖到金器，共23000多件，现专门建了一座世界最大的"黄金博物馆"陈列。

（3）很多国家都发现大型金矿，而很多富金矿的发现与开发往往伴随着血腥的争斗。

（4）80年代中期中国西部的淘金热：在甘肃、青海交界处的荒漠之中，发现品位很高的砂金矿，引起几十万人前往淘金，火拼械斗，政府出动武警才以平息。

（5）经地质专家用普查、勘查、卫星遥感、物化探测等现代科技手段，探明地壳中黄金总储量约剩60000吨。占地壳总重量的10亿分之一。是不可再生的资源。一旦开采完毕，要寻黄金只有到遥远的星球或地球深部去了。

（6）巨蟹星座中存在一颗表面多达1000亿吨黄金组成的恒星。火星上也有黄金。

（7）地球深部还有约30亿吨黄金。

二、金的主要用途

黄金是人类较早发现和利用的金属。由于它稀少、特殊和珍贵，自古以来被视为"五金"之首，有"金属之王"的称号，享有其他金属无法比拟的盛誉，其显赫的地位几乎永恒。正因为黄金具有这一"贵族"的地位，一段时间曾是财富和华贵的象征，用它作金融储备、货币、首饰等。到目前为止黄金在上述领域中的应用仍然占主要地位。

黄金的主要用途和功能包括：

（1）用作国际储备

（2）保值功能

（3）避险功能

（4）用作珠宝装饰

（5）工业技术上的应用

黄金用作国际储备，这是由黄金的货币商品属性决定的。由于黄金的优良特性，历史上黄金充当货币的职能，如价值尺度、流通手段、储藏手段、支付手段和世界货币。20世纪70年代以来黄金与美元脱钩后，黄金的货币职能也有所减弱，但仍保持一定的货币职能。目前许多国家，包括西方主要国家国际储备中，黄金仍占有相当重要的地位。

黄金用作珠宝装饰。华丽的黄金饰品一直是一个人的社会地位和财富的象征。

黄金在工业与科学技术上的应用。由于金具备独一无二的完美的性质，它具有极高的抗腐蚀的稳定性；良好的导电性和导热性；对红外线的反射能力接近100%；在金的合金中具有各种触媒性质；金还有良好的工艺性，极易加工成超薄金箔、微米金丝和金粉；金很容易镀到其他金属和陶器及玻璃的表面上；在一定压力下金容易被熔焊和锻焊；金可制成超导体与有机金等。正因为有这么多有益性质，使它有理由广泛用到现代高新技术产业中去，如电子技术、通信技术、宇航技术、化工技术、医疗技术等。

第三节　金的基本性质

金，元素周期表中第79号素。英文Gold，"照耀"之意；拉丁文Aurum，"灿烂、曙光"之意。所以，商品上常用G表示金，而化学上又用Au为其元素符号。

一、化学性质

1.化学性质最稳定

金属活动顺序表最后一位，通常情况下不与任何物质反应，即使高温熔化时也不与氧气反应。所以：

（1）可反复熔化加工而重量损失极小，首饰厂只计极小的加工损耗率。

（2）经历千百年来重量、颜色不变，可做成各种黄金饰品、货币传世。

（3）自然界的金多以单质状态存在，无论砂矿或原生矿都是如此。（如图3-1）

（4）河北满城的西汉中山靖王刘胜墓葬中出土的金缕玉衣两件，距今2100年，金丝直径0.14毫米，一件用金1100克，一件700克，仍完好如初。（如图3-2）

（5）沉船探宝：西班牙沉船，至今五百多年，现在打捞时，金币和金首饰在大海深处中仍金光闪亮。

（6）世界最长寿唱片：1977年美国"旅行者号"宇宙飞船，为寻找地球外的智慧生物，携带一块喷金的铜唱片，录有66种语言和27首世界名曲，包括汉语"你好"和中国古曲《高山流水》。科学家希望它在宇宙中行进的漫长岁月里，能经受太空环境的严峻考验而保持嘹亮如新的音色。

图3-1（彩图1）

图3-2（彩图2）

2.金可溶于以下特殊液体之中

（1）王水浓HCl：浓HNO_3＝3：1，又称硝强水，强腐蚀性。

（2）汞，俗称水银：温度计、日光灯等用品中有，金饰品不可触及。某些淘金者就是用水银从富集的砂金中将金溶解出来，再将水银加热蒸发而得金。

（3）氰化钾、氰化钠或氰化铵溶液：剧毒。目前大规模堆浸法提取金用的溶金溶剂。

（4）含氧的碘酸：日常医用的碘酒也会对金首饰造成腐蚀。

（5）含氧的氯酸：消毒液、漂白粉都会腐蚀金饰表面。

二、物理性质

1.熔点

1063.4℃，普通汽油焊枪可达此温度，易加工。金在高温熔化时的挥发损失很小，约为0.01%～0.025%，某首饰厂在加工首饰时，连车磨损耗总计，按5‰以下计，1公斤以上按6‰计。

2.密度

19.3g/cm³，很重，易鉴别。

表3-1　　　　　　　　　　　　几种金属密度比较表　　　　　　　　　单位：g/cm³

铂Pt	金Au	铅Pb	银Ag	铜Cu	铁Fe	锌Zn	铝Al	镁Mg
21.45	19.3	11.34	10.5	8.92	7.86	7.41	2.7	1.74

3.硬度

摩氏硬度2.5，很软，指甲可划出痕迹，易加工。

4.延展性

金的延展性和可塑性极好，好于几乎所有金属：1g纯金可拉成直径为0.0043mm的长为4320m的细丝，可碾压成0.0003mm薄的金箔约8㎡。可加工成极为精细的工艺品。

有俗话说："一两黄金包一亩地"。（如图3-3）

图3-3（彩图3）

三、金的开采与提炼

1.金矿的分类

黄金在自然界中是以游离状态存在而不能人工合成的天然产物。按其来源的不同和提炼后含量的不同分为生金和熟金等。生金，亦称天然金、荒金、原金，是熟金的半成品，是从矿山或河底冲积层开采的没有经过熔化提炼的黄金。生金分为矿金和砂金两种。

（1）原生金矿（岩金、脉金、矿金）：地球的活动期形成，未经自然力搬动过的矿叫原生矿，大多生成在岩石之中。金的原生矿叫岩金，又叫脉金（如图3-4）。大都是随地下涌出的热泉通过岩石的缝细而沉淀积成，常与石英夹在岩石的缝隙中。矿金大多与其他金属伴生，其中除黄金外还有银、铂、锌等其他金属，在其他金属未提出之前称为合质金。矿金产于不同的矿山而所含的其他金属成分不同，因此，成色高低不一，一般在50%～90%之间。

图3-4（彩图4）

（2）砂金矿：原生金矿经风化和自然力的富集作用而形成的砂、砾石和金混合组成的矿床叫砂金矿。多形成在古代和近代的河流弯道之中（如图3-5）。

砂金矿是古代和近代历史上世界黄金生产的主要矿床，但经过几千年的开采，富矿砂多已枯竭，现在主要以矿金为主，砂金是产于河床弯曲的底层或低洼地带，与石沙混杂在一起，经过淘洗出来的黄金。砂金起源于矿山，是由于金矿石露出地面，经过长期风吹雨打，岩石经风化而崩裂，金便脱离矿脉伴随泥沙顺水而下，自然沉淀在石沙中，在河流底层或砂石下面沉积为含金层，从而形成砂金。砂金的特点是：颗粒大小不一，大的像蚕豆，小的似细沙，形状各异。

（3）其他：微细浸染金矿、伴生金矿等。

图3-5

2.金矿的品位与储量

（1）金矿的工业品位，单位是g/t，不是百分数。一般是大于3g/t就有开采价值，随着金价的一路走高，现在大于0.5g/t的也被开采。

（2）储量：一个金矿是否开采，除考虑品位外，还须探明储量，要有一定的储量才有开采的价值。

（3）赋存状态：赋存状态决定开采的方法和冶炼的方法，因而也决定是否有开采价值。

（4）其他条件：交通、水、电、环境污染都影响开采价值。

（5）金矿实例：

例1：20世纪80年代西藏开始加大了砂金矿的勘查力度，查明了砂金成矿类型有岩浆热液型、火山——次火山热液型、变质热液型、热泉型，初步形成了藏东、藏北、冈底斯和藏南等多个成矿区。共探明储量约80吨，发现金矿产地153处，其中大型砂金矿2处，中、小型砂金矿10余处。位于藏北地区的崩纳藏布砂金矿为全区最大的一座金矿床，储量达100余吨。1992年以来，西藏开始加强了岩金勘查工作力度，共发现岩金产地35处，其中大型矿床1处。

例2：20世纪80年代中期，地质工作者在北岳恒山以南、佛教名山五台山以北，山西繁峙县境内一个名叫义兴寨的地方探明一座中型岩金矿床，命名为义兴寨金矿。该矿探明矿脉12条，储量9.2t，平均品位14g/t，最高品位高达上百g/t。

例3：云南省鹤庆县的北衙金矿。平均品位6.5g/t，总储量68t，占地13.5平方公里，富集在坝子底部，有银伴生。

3.金矿的开采

（1）砂金矿的开采：一百多年前，世界上90%的黄金都是靠开采砂金而获得。方法：采金船开采、挖掘机开采、竖井开采。主要工具：人工溜槽、摇床、螺旋摇床等。

（2）岩金（脉金）的开采：地下采矿，露天采矿。主要工具：粉碎机、球磨机、沉降机、活性炭等等。

（3）全国有1200多座黄金矿山，有固定生产能力的有500多座。

4.金的提取

（1）砂金：混汞法。淘洗后，大粒的可人工分拣，细小的可用汞（水银）溶解形成"金汞齐"（汞膏），与砂分离。将金汞齐加热，汞挥发，可得金。将金烧熔成块，再行精炼，才可得纯金。（称为混汞法）（见图3-6）

（2）岩金（脉金）：氰化法。将岩金矿石粉碎到一定块度，成百吨上千吨上万吨堆积一池，用一定浓度的氰化钠（NaCN）溶液不断喷淋，溶解金收集含金溶液（贵液），再用锌丝置换金，或用活性炭，离子

图3-6

交换树脂等吸附金。将金烧熔成块，再行精炼，才可得纯金。（见图3-7）

（3）伴生金：冶炼或电解其他金属时，可回收金。例如电解铜、铅、银、镍、锌等，都可得金。

5.金的精炼

（1）湿法精炼：可得99%以上纯度的金。

①硝酸法（硫酸法）：用硝酸或硫酸与粗金（金银合金）反应，银被溶解而金不溶，即可分开而得纯金。

②王水法：用王水与粗金反应，金被溶解而银不溶（生成AgCl），即可分开。

（2）电解法精炼：可得99.99%纯度的金，用粗金作阳极，纯金薄片作阴极，选用适当的电解液，进行电解。阴极即可得纯金。电解金用硝酸煮沸，再用氨水中和。（见图3-8）

图3-7

图3-8

第四节　金的冶炼与提纯

黄金常以自然金的状态存在（单质状态）。自然金有时会覆盖一层铁的氧化物薄膜。在这种情况下，黄金的颜色可能呈褐色、深褐色，甚至是黑色。这种金一般都有一个包裹层，这种包裹层不只是铁的氧化物，有时可能是一些附着在金粒表面的细粒脉石。这种包裹层不仅影响对金的识别，而且还使其在选矿（混汞或氰化）处理时比较困难。

世界黄金开采及冶炼已有很长的历史，黄金冶炼方法很多。其中包括常规的冶炼方法和新技术，冶炼方法的改进，促进了我国黄金产业的发展，大体来说，全世界黄金冶炼的方法分为物理方法和化学方法两大类。

物理方法有：混汞法、浮选法、重选法，主要特点是利用了金比其他物质密度大的特点，通过反复淘洗，液体悬浮，把砂等杂质从金中洗走，留下金。这种方法一直沿用到今天。化学方法有：氰化法、硫脲法、多硫化物法。为了增加效率，提出更高纯度的黄金，往往将物理方法和化学方法一起使用。

常用的简单的提纯工艺：①王水分金法；②补银分金法。

（1）王水分金法

步骤：

①用王水将不纯金分解；

②加热过滤；

③趁热加入两倍热水；

④放入适量的水合肼（一种还原剂，目的是首先把最不活泼的金属置换出来）；

⑤用热水将沉淀物洗涤到pH值为7（目的是把酸洗掉）；

⑥用硝酸煮沸（紫黑色沉淀物至土黄色）；

⑦洗涤干净，干燥，铸锭；

注：在溶解不纯金时会产生有毒的红棕色气体（NO和NO_2），注意防护。

（2）补银分金法

步骤：

①将大于两倍的银熔入不纯金中；

②用硝酸将银溶解，此时产生黑色的沉淀物；

③反复用硝酸煮沸至土黄色；

④用热水煮沸到pH值为7（目的是把酸洗掉）；

⑤干燥铸锭

注：a.硝酸溶解银后产生硝酸银后用铜置换回收。

b.在溶解不纯金时会产生有毒的红棕色气体（NO和NO_2），注意防护。

第五节　金的产量及对比

一、现代世界黄金产量及行情走势

1.近几年产量排名

南非>俄罗斯>美国>加拿大>澳大利亚>巴西

2.中国

1991年首次超过100吨，2008年282吨，2009年313.98吨，2010年340.88吨，跃居世界第6位。

3. 世界产金量总计

表3-2　　　　　　　　　　世界产金量总计表

1984年	1985年	1986年	1995年	1998年	2008年	2009年
1429吨	1502吨	1553吨	2350吨	2600吨	2260吨	2350吨

照此速度，再过五十年，全球黄金将开采完毕。

二、黄金产量对比

黄金的总量很少，但不是很稀少。

（1）黄金比银、铝、钢（2008年我国钢铁产量超过5亿吨）、煤少，黄金以吨来计，而其他矿产是以千万吨、亿吨计。

（2）黄金却比稀土金属如铀、镧系、锕系等多。

（3）正因为黄金在地球上不多又不稀少，在任何地方均有发现，恰好可作货币流通。

（4）黄金取代白银：在1911年之前，世界的货币是白银。

例如，清政府赔偿帝国主义列强白银共13.22亿两，相当于日本当时25年的财政总收入。1905年云南全省财政收入约400万两白银。可见，黄金取代白银作货币只是近100年的事。

第六节　金的用途

一、高科技与日常生活

（1）精密电子仪器中的集成电路：高导电性、高稳定性。

（2）自动控制开关的触点：耐氧化、高温，成千上万次开关不氧化。

（3）超音速飞机、火箭、宇航：滑动元件（很软），宇宙服和防护罩（防辐射），电信传输系统（重负荷高稳定）等等。

（4）日常生活中：补牙镶牙、溴金酸（药）治糖尿病，特殊用途的玻璃、陶瓷、塑料、铜等的镀金。

（5）从1979年起，各国用于工业的金约1500吨，占当年黄金消耗总量的81.5%，首次超过首饰与货币用金。

二、黄金饰品

（1）自古以来，黄金就用来制作金饰品，这是黄金最早的用途。

（2）迄今为止，用作金饰品的黄金约2.7万吨，占总储量的27%。

三、金币

（1）很多国家都把金直接制成金币，当作一定面值的货币使用。

（2）绝大多数金币都不是纯金，而是加有银等金属的合金，例如：英镑金币含金91.6%，美元金币含金90%，日元金币含金89.8%。

（3）实体金币的面值与所含黄金的价值相近，纪念金币的价格高于所含黄金的价值，古董金币的价格远高于所含黄金的价值。

（4）迄今为止，以金币形式收藏在私人手中的黄金约有1000吨。

四、世界统一的货币

1.价值标准

在某段历史时期，世界各国的货币，如美元、英镑、马克、人民币、法郎、日元、卢布、港元等，都以纯金为标准计算其价值，从而计算互相之间的比值。

2.黄金储备

时至今日，一个国家国库的黄金储备仍是其经济实力和对外支付能力的重要标志。

（1）各国政府央行中储备的黄金约3.7万吨。

（2）世界上最大的金库：美国纽约华尔街"联邦储备银行"的地下室金库，保管着西方国家1/3的黄金共1.3万吨。制成82.9万块金砖价值近40000亿美元。建于1913年，离地26.7米，面积半个足球场大，分隔为122个密室，一室一国，唯一进出的门是重90吨的钢铁门，由"多路系统"管制。自动报警响过25秒钟内，全部门自动关闭，库内氧气只能让1个人存活72小时（见图3-9），从未失窃。美国政府自己的黄金，储存在肯塔基州的金库里。

图3-9

图3-10（彩图5）

（3）金砖的规格：每块重量12.5公斤，尺寸和含金量均有极严格的要求。（见图3-10）

（4）我国的黄金储备与管制：我国对黄金实行专控，由中国人民银行管理。我国黄金储备保持在1000吨左右，约1270万盎司。

（5）1998年初，在瑞士银行的金库中发现"纳粹"时期存放的犹太人的金砖、金条，有印证为证。

3.个人收藏黄金

个人收藏的黄金是个人或家庭的财产，是富贵的象征。

第七节　金的含量与计量

一、金含量的国家标准

按照国标11887-2012年及第一号修改单要求，达到990‰及以上的，都成为足银，标记：足银、Ag990、S990等。

现在技术无法提炼出100%的"纯金"，纯是相对的，正所谓"金无足赤，人无完人"。

二、金的计量

黄金的计量随着历史、地域、国家的不同而采用不同的方法。

（1）国际标准计量（公制）：千克。①1克×1000=1千克（公斤），100克=1公两，1千克×1000=1吨，10公两=1公斤。②世界通用：盎司。

（2）中国旧时计量（市制）：市斤

　　　　①小两：1市斤=16两

　　　　②大两：1市斤=10两

北京还在使用，我国某些黄金产地和交易场所仍在使用。

（3）英制计量（英制）：盎司，英文"ounce"的音译，汉语音为"àng sī"，意译为"英两"。盎司分为金衡制和常衡制两种，在黄金的重量计量中使用金衡制。

①金衡制：在黄金计量中专用。

12盎司=1磅　　1盎司=31.1035克

1磅=12盎司=31.1×12=373.2克≈3.7公两

则1公斤=1000÷373.2克/磅=2.679磅≈2.7磅

②常衡制：除黄金外的其他物品通用。

16盎司=1磅　　1盎司=28.3495克

1磅=16盎司=28.3×16=452.8克≈4.5公两

则1公斤=1000克÷452.8克/磅=2.208磅≈2.2磅

英国、美国、英联邦成员、世界很多黄金产地、交易场所、信息资料等都在使用。

（4）香港等地使用：司马两。1司马两=37.429克，1司马两=1.2033盎司。

第八节　K金与K金含量配比

一、K金的概念

K金俗称洋金，在数世纪前，金匠已利用银或铜掺入黄金来增加它的硬度。这种方法除赋予黄金较佳的加工性能，改变其熔点外，还能减少制作成本，而且有较多颜色可供选择，这种合金就称"大金"。K为Karat第一个字母，原为Carat。

为避免与宝石质量单位混淆，所以人们就将用来表示K金成色的Carat改为Karat了。纯金的标准定额是24K；黄金的成色可分成由1K至24K。一般首饰常用的制作的K金是14K和18K。而20K和22K的开金，多用来铸造金币，成色在9K以下的K金，则较少使用，原因是含有其他金属的比率较高，即使是经过电镀，也非常容易氧化而失去光泽变黑。

表3-3 　　　　　　　　　　　　K数与百分含量对照表

K数	百分含量	K数	百分含量
24	100	12	50
23	95.8	11	45.8
22	91.7	10	41.7
21	87.5	9	37.5
20	83.3	8	33.3
19	79.2	7	29.2
18	75	6	25
17	70.8	5	20.8
16	66.7	4	16.7
15	62.5	3	12.5
14	58.3	2	8.3
13	54.2	1	4.2

（1）黄色K金、白色K金、红色K金：相同K数的K金的含金量是相等的，但由于"补口"的金属不同而呈现较黄或较白的颜色。

白色K金的"补口"多是银和钯等作为"补口"。

黄色K金则多以红铜，青铜和银等作为"补口"。

由于K金中混入了其他金属而变成另一种合金，它的金属特性也随之改变了，色泽鲜艳，体质坚硬，耐磨，变得更适合制作镶嵌宝石的首饰和各种工艺品（表壳、笔尖、领夹等）。同时也增加了黄金饰物的美观和变化。

（2）各地K及24K折算值

有的为4.15%、有的为4.16%

日本24K=99.99%

英国24K=99.5%

南非24K=99.6%

港澳24K=99.5%

（3）国外流行的K金首饰

英国流行　　9K

美国和北欧　　14K

香港　　　　18K

内地　　　　24K或22K

K金不论是黄K金、白K金都是纯金和铜、银、锌等有色金属按一定比例搭配熔炼而成，统称合金（Alloyed gold）

近几年除黄、白、红色K金外，市场上还出售色彩斑斓的彩金系列首饰，也是黄金和不同的致色金属一同冶炼后再经特殊的技术处理而成的。

表3-4　　　　　　　　　　　　　　　K金含量配比表

K度/颜色/金属%		金	银	铜	锌	镍
22K	黄色	91.7	4.2	4.1	–	–
	金黄	91.7	5	2	1.33	–
18K	金黄	75	9.5	15.5	–	–
	深黄	75	12.5	12.5	–	–
	浅黄	75	8	17	–	–
	粉黄	75	5	20	–	–
	白	75	10	–	4～10	5

二、K金的计量

含金量低于99%的金称为不纯金或K金，在首饰中不纯金的含金量计量有两种方法，一种是千分含量计量，一种是以K为单位计量。

（1）千分含量计量：以金的质量占整块不纯金质量的千分数表示，例如：950‰，900‰，750‰，50‰等。例如：950‰的金，表示：100克不纯金中金有95克，其余5克是其他金属。

（2）以K为单位计量：以K为单位计算并表示金的含量是国际上流行的方法，K来源于英文Karat Gold，中文即简称K金，其规定是：

①理论值：100%=24K

则1K=100%/24=4.1666……%无限循环小数，按"四舍五入"规则应该：1K=4.17%

②各国各地区对1K的取值稍有不同：

国家　　　　　足金百分含量　　　　1K取值

中国国标　　　　99.99%　　　　99.99/24=4.16625

英国、法国、意大利　99.5%　　　　99.5/24 =4.1458

南非、美国　　　99.6%　　　　99.6/24 =4.15

日本、俄国、瑞士　99.99%　　　　99.99/24=4.16625

中国传统习惯　　99.6%　　　　99.6 /24=4.15

③在首饰行业的实践中，为方便实作，我国规定：

1K：4.16%，计算结果保留小数点后1位。

（3）首饰中常用K金与百分含量的换算（中国国标）

①22K金：4.16%×22=91.5%

②18K金：4.16%×18=75%

③14K金：4.16%×14=58.2%（规定58.5%）

④12K金：4.16%×12=50%

⑤10K金：4.16%×10=41.6%

⑥9K金：4.16%×9=37.4%（规定37.5%）

注：①低于12K，即含金量少于50%，从严格意义上讲，只能称为"含金的饰品"，而不能称为"金饰品"了。

②技术监督局和银行等执法部门规定，金的含量只可以等于或大于上述数据，才可称为（标为）某K金，倘若小于，则判为不合格产品，消费者可投诉而获胜。

三、K金中的补口材料

一件18K金首饰铜、银等有色金属占到四分之一，这部分金属炼成的材料称为中间合金（Mastorallay）统称"补口"。它是制备金首饰必不可少的原料。

目前国内市场有的含金量不足，有的致白金属补口材料该加的不加（如银、钯），总量低于一般认可的下限，致使材料的白度不够，表面见黄或起增白作用的铑层太薄容易磨掉。首饰佩戴不久就泛黄招致消费者不满，这些在很大程度上是由"补口"材料不过关造成的。

（1）配制K金所需要的其他两种或两种以上的金属熔合的"中间合金"，又称"补口材料"。简称"补口"。各厂家根据市场需求，生产自己品牌的补口材料。

（2）"补口"材料的分类：

①按出产国分为不同系列：美国系列、意大利系列、国产系列等。

②按颜色分为不同种类：黄"补口"、白"补口"、青金"补口"等。

③国产系列"补口"材料的价格（2012年）

a.K黄"补口"0.5元/克～1.5元/克，K白"补口"0.6元/克～3元/克，玫瑰金"补口"0.6元/克～2.5元/克。

b.可见，补口价格远低于黄金价格。

四、国际流行K金的标准

（1）传统的K金都是用银和铜作"补口"材料，银和铜的比例不同，所得K金的颜色也不同。

（2）K金流行的地域特点：受传统影响，不同地区的人们喜爱不同的K金：

①中国、日本、港澳：24K、22K、18K，含金量越高越好。

②美国、德国：4K、10K，追求款式，追求变化。

③英国、欧洲：9K、8K，追求款式，追求变化。

五、我国传统K金——成色金

1.我国民间流行的几个术语

（1）生金、荒金：指从砂金矿或脉金矿中提取出来但未精炼的金。其含金量待测。

（2）次金、潮金、熟金：指提纯后又加补口材料制成的成色金。

2.成色金的计量单位："成"

1成=10%，2成=20%，则九成金含金90%，10成金为足金。

3.中国成色金的传统配方

（1）清色金：只添加银，民间口诀"七青八黄、九紫十赤"。

七成金（青黄色）：70%金30%银，八成金（金黄色）80%金20%银。

九成金（紫黄色）：90%金10%银，十成金（赤色）：100%金。

（2）混色金：添加银和铜，含铜量越高，混色金的红色调越强。

4.中国传统向国际标准靠拢

（1）在现代生活中，以1成=10%计量太粗糙，而以K计和以百分数计较为准确，现在按照国标规定是采用千分制计量。

（2）须适应现代千变万化的市场，与国际接轨。

第九节 彩 金

一、彩金分类

彩金是包括颜色各异、成色不同的K金。

应当指出，对彩色K金的正确叫法是黄色K金（黄K金）、白色K金（白K金）、红色K金（红K金）。市场上习惯称白色18K金为"18K白金"。这是一种容易与铂金饰品相混淆的叫法。还要注意的是，有些彩色K金是用表面镀色法，不是冶炼制成的。这种表面镀色法的色彩很容易磨损。市场上的白色18K金有些是在18K金表面镀铑、钯制成，磨损后饰品泛黄，显现出18K金的本色。

（1）颜色的过渡性

①最基本的原本的"原色"有三种：红、黄、蓝，其他颜色都是由它们的不同比例的掺合而形成的。

②任何两种或两种以上的颜色按不同比例的掺合都会形成一系列色调逐渐过渡的颜色。

（2）颜色的主观性

①不同的人观察同一种颜色，对其色调的强弱会有不同的描述。

②不同的人喜爱不同的颜色，即使是同一种颜色，对其深、浅、浓、淡等也会有不同的喜好。

（3）不同颜色的几种金属并不是都能任意地完美地熔合在一起形成合金，合金的熔制还须解决冶金技术方面的很多问题。

①由此可知，人们可以寻求出既保持一定的含金量如22K、18K、14K、10K等，又呈现不同的颜色的彩金。

②由此也可预知，如果改用其他金属，人们还可寻求出既保持一定含金量，又呈现更多颜色的彩金。

二、各种彩金及其象征意义

1.黄色K金：包括金黄、深黄、浅黄

（1）配方：见前节所述国际标准配方，用金银铜即可，K值范围大。

（2）象征：温暖、愉悦、期待。黄色还是权力的象征，古代中国和古代罗马，黄色是皇帝的专用色。

（3）效果：佩戴黄色K金首饰给人以光辉灿烂、富贵和希望的印象。

（4）适应群体：各年龄段、各类人群，尤其是"富有"人群。

2.橙色K金：即红黄色

（1）配方：见前述国际标准配方，用金银铜即可。

（2）象征：成熟和圣洁。

（3）效果：佩戴橙色K金首饰使人显得成熟、圣洁和富于艺术品位。

（4）适应人群：中年群体，有成就者。

3.红色系列K金：红色、浅红色、亮红色、棕红色

（1）配方：红色、浅红色K金，见前述国际标准配方；

亮红色18K金：$Au_{75}Al_{25}$　棕红色9K金：$Au_{38}Ag_{25}Cu_{25}Pd_{12}$

（2）象征：生命、活力、热情、勇敢、炽热、革命。

（3）效果：佩戴红色K金首饰使人感到热情、勇敢和充满活力。

（4）适应群体：青年人、中年男性。

4.绿色K金

（1）配方：金银铜可制得，但K值范围小，若添加2%～4%的镉Cd，则可制得任何K数的绿色K金。

（2）象征：青春、活力、苏醒、自然、生命。

（3）效果：佩戴绿色K金首饰给人以清新、安宁、和平的感觉。

（4）适应群体：中、青年，少女。

5.青色K金

（1）配方：18K青色K金，$Au_{75}Ag_{22}Cu_3$。

（2）象征：典雅、希望。

（3）效果：佩戴青色K金首饰给人以典雅和神秘的感觉。

（4）适应群体：知识分子，中年女性，艺术家。

6.紫色K金

（1）配方：（日本产）$Au_{78}Al_{22}$，是19K紫金。

（2）象征：典雅、神秘。

（3）效果：佩戴紫色K金给人以优越、奢华、神秘的感觉。

（4）适应群体：中老年人，"富有"者，某些总经理。

7.灰色K金

（1）配方：18K灰金，$Au_{75}Cu_8Fe_{17}$。

（2）象征：高雅、精致、含蓄。

（3）效果：佩戴灰金首饰给人以含蓄高洁、耐人寻味的感觉。

（4）适应群体：知识分子、艺术家。

8.黑色K金

（1）配方：（法国产）14K黑色K金，Au58.3Fe41.7。

（2）象征：庄重、严肃及高贵。

（3）效果：佩戴黑K金首饰可给人以稳重、高贵的感觉，且能充分衬托出所镶嵌宝石的色感和光感。

（4）适应群体：中老年人，有社会地位及威望的人。

9.蓝色K金

（1）配方：向金添加铁（Fe），表面再注入钴（Co），可制得碧蓝生辉、光辉夺目的蓝K金。世界专利注册，配方和工艺绝密。

（2）象征：博大、幸福、幻想、希望。

（3）效果：蓝K金镶钻石，使首饰达到了当今世界最为富丽堂皇的境界。佩戴蓝K金首饰，如同接近了碧蓝的天空和蔚蓝的大海，不仅自己可以感到超凡脱俗、独树一帜，还可以给人以幽远、平静、理智、凉爽和高深莫测的感觉。

（4）适应群体：各类有成就的成年人、艺术家、知识分子。

10.白色K金

（1）配方：常见白色K金主要成分（质量百分数）

备注：①"334"白K金含金仅30％，因还有30％的钯，标18K，表示其价值与18K黄金相同，而"334"表示30%Au30%Pd40%其他。

②"226"白K金含金仅20％，另外还有20％的钯Pd，60％的其他金属。

③因白色K金需求量大，故研究者多配方也多，市场上常简称作"白K金"。

（2）象征：纯洁、光明、雅洁、朴素。

（3）效果：佩戴白色K金首饰给人以纯净圣洁、高雅明亮的感觉。在西方，白色专用于表示爱情的纯洁和坚贞，因而白色K金首饰常作传统结婚用首饰（包括婚纱也用白色），现代已被中国人接收，故现在特别流行。

第十节 市场上的金饰品与仿金饰品

一、足金饰品

1.优点

（1）不怕腐蚀，不变色；

（2）易回收，易加工；

（3）成色高，易结算；

（4）东方人崇信其高成色象征着纯洁高贵的情感：亲情、友情、爱情。金黄色象征着富贵、温暖和期待；

（5）在所有首饰中，市场份额高居榜首。

2.缺点

（1）光泽较暗（相对于K金）；

（2）软（2.5），饰品佩戴时易划毛、磨损、变形；

（3）软，不能用"爪"的形式镶嵌宝石，只能用"包"的形式镶嵌宝石；（见图3-11）

（4）软，款式单调而偏于传统。

二、K金饰品

1.优点

（1）色彩多样，光泽亮丽，引人喜爱；

（2）不断创新，款式丰富，引导新潮；

（3）硬，造型和工艺精致而不易磨损变形；

（4）硬，可用"爪"式牢固镶嵌宝石。（见图3-12）

2.缺点

（1）成色不同，难于定价；

（2）保值性不强；

（3）满足不了东方人追求纯洁高贵的心理习惯。

三、金钛合金饰品

最新科技产品，用99%的金与1%的钛（Ti）制作的合金，具有纯金的高成色和K金高硬度两方面的优点，同时避免了两方面的缺点。

四、镀金饰品

用电镀的方法，在银、铜、铝等的胎架上镀上一层纯金，一般极薄，仅有 $3 \sim 5 \times 10^{-6}$ 毫米厚，即3～5纳米。

1.优点

（1）表面光泽如金，满足人们拥有金的心理；

（2）如果不磨损，整件饰品可以远久保存。

2.缺点

不耐磨，很短时间（几周几月）镀层金便会磨损，而露出胎架本色。如果是在K金和纯金上镀金，其意义是提高饰品色泽和亮度，则镀层磨损后也不会"褪色"。

图3-11（彩图6）

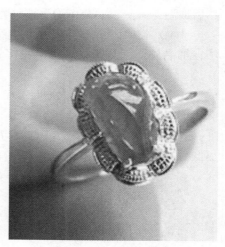

图3-12（彩图7）

3.用途

现已很少制作首饰，主要制作一些不触摸或很少触摸的摆件饰品，如纪念币、卡、像、佛、观音、工艺品等。

4.价值

镀金本身的价值很低。一个镀金纪念币上的金约用1克黄金的千分之一至万分之一，只值几角或几分钱。其价值主要在文化内涵和工艺上。

5.假货

在电镀原理和技术上，只能镀纯金，不能镀K金，凡称"表面镀一层18K金"者，必定是假货。

五、鎏金饰品

用金汞齐在银、铜、铝或者非金属材料的表面涂抹，然后加温，汞蒸发而金留附，这种方法称为鎏金。

（1）在古代，人类未发明电镀技术之前，就是用此法在饰品外面"抹金"，故有很多鎏金文物出土。（见图3-13）

（2）在现代，一些大而难于电镀的塑像和装饰品，仍使用鎏金的方法制作。

（3）优点：用料少。缺点：与镀金饰品相似，但价值更低，有污染。

图3-13（彩图8）

六、贴金饰品

将纯金碾压成极薄的金箔，金箔具有很强的附着性，即可将其贴在饰品上而不会脱落。

1.优点

贴金不用于首饰，而用于大型的工艺品、佛像、招牌、非金属饰品、建筑物、寺庙、殿堂等。使其有金碧辉煌的效果，且能长久保存，无污染。（见图3-14）

2.缺点

不耐磨，不耐触摸。

图3-14（彩图9）

七、包金（压轧金）饰品

在铜、铝等胎体外用压轧的办法包裹上一层K金，K金层比镀金层厚得多。国际上规定，用K金层重量占整件首饰重量的分数标明其特性，且不得小于1/20。

1.标记

"1/10，14KGF"，表示：包金层是14K金，且其重量占整件首饰的1/10。G是Cold金，F是False人为的，意为"包"。

2.优点

耐磨，寿命比镀金长得多，且光亮如K金，价位低。

3.缺点

外层磨损后就丧失价值。

八、以地名称呼的金饰品

世界任何地方产的砂金，就金元素Au本身而言，是完全一样的，绝无产地之分。但是，不同产地的砂金会有纯度和所含杂质的不同，因而导致颜色及某些性质有差异，所以出现了以地名称呼金的现象，这是金的提纯技术不高的历史时期的产物。现代技术已经完全能够把砂金和原生金按要求提纯，所以，除个别情况外，以地名称呼金已无意义，应该淘汰。市场上有少数金店仍以地名称金，要么是不懂，要么是懂但却利用历史欺骗顾客。下面举两例说明。

1.滇金

（1）云南产的金。历史上认为云南产的金好，现在有的金店就自称卖的金是"滇金"，甚至把2000年元旦卖的"千禧金条"（世纪金条）也说成是滇金。其实，千禧金条是由位于成都某地的中国人民银行下属的"中国印钞造币总公司金银精炼厂"制造，所用黄金从国库中调配。所以，"滇金"根本就不是云南产的金。

（2）即使真是历史上传下来的"滇金"，除文物价值外，只需送到检测部门测定其含量就行了。

2.缅金

（1）云南省德宏、版纳等地到昆明沿线，有缅北流入的金饰品，多为托架，无K数，常自称22K或20K，行内称为缅金，并有"缅金不好"之说。

（2）缅甸北部的高山河谷中砂金较多，当地居民淘得砂金后，无提纯技术，送往仰光等地路途遥远成本高，于是烧熔后直接做成托架镶上宝石，就近到中缅边境出售，因未检测，故自报含金量，含量不定。

九、贵金属首饰印记英文缩写名称

1.GP：镀金

Gold金，金子。Plating镀，电镀。

2.GK：镀金

Gilding镀金。Kin配对，亲属、亲戚。

3.KP：镀金

Kin配对、亲戚。Plating电镀。

4.KF：包金

Kin配对、亲属。False人造的、人为的。

第十一节　市场上不含金却称"金"的饰品

一、仿金饰品

由于黄金饰品历史悠久，深受人们喜爱。所以，市场上出现了很多金黄色的仿金饰品，这些仿金饰品不含金。但是，名称却常冠之以"金"。只要应用相关知识细心辨认，并不难鉴别它们。（见图3-15、图3-16）

（1）稀金饰品：黄铜加少量稀土元素，金黄色，不褪色。价格只是金的几十分之一，一枚托架零售价为10~20元。

（2）亚金饰品：黄铜加锌和少量镍，金黄色，易褪色，价更低，常作镀金的胎体。

图3-15（彩图10）

图3-16（彩图11）

（3）仿金饰品：在铜、铝等胎体上镀上一层黄铜，外观如金，但不耐磨，易褪色，价低。

（4）黄铜：可直接做各种仿金饰品，常做托架以衬托宝石，与所镶嵌衬托的宝石相比，价可忽略不计。

（5）白色仿白K金饰品；成分复杂，需检测才能确定。

二、借地名称呼"金"的饰品：钛金——泰金

（1）最新科技产品：将铜、铝等胎架置于直空中镀上一层氮化钛TiN，金黄色，不仅美观，而且比包真金还要耐磨而长久不变色，取商品名为"钛金"。

（2）市场上不少商家把"钛"字改为"泰"字，标为"泰金"并解释为"泰国产的金"。以相同发音不同字意欺骗顾客。

（3）泰国产金极少，黄金主要靠进口，但泰国的金银珠宝加工业很发达，其珠宝首饰在世界上有较好的声誉。故行业中也有"泰金"之说，且"泰金"知名度较高。

三、借"砂金"称呼"金"的饰品：沙金——砂金

市上有一种称"沙金"的铜合金，不含金。

另外市场上还出现过被称作"台湾"金、泰国金、锻压金的首饰。这些均属仿金首饰，并不是那些地方产的足金饰品，而是镀金、包金之类的东西。甚至某些旅游区市场上还有称"宝石金"的首饰，这实际上也是镀金、包金制品。

第十二节　金的鉴别

一、简便鉴别方法

1. 比色法

（1）试金石：有一定硬度的、微糙而平整的黑色、灰色或墨绿色的石块，都可以作试金石。

（2）操作：先用足金在试金石上划一条痕迹，再用待测品划条痕迹，比较两条痕迹的颜色，一样，就是足金，不一样，就不是足金。

（3）注意：若不是足金，则可能是K金或不含金饰品。由于相同K数的K金因熔合的银、铜等其他金属的比例不同，其色泽也不同，所以，用比色法难于准确鉴定K数。

2. 掂重法

（1）常作饰品胎架的铜、银等金属，其密度远比金和铂小，即使是K金，因熔合其他金属，其密度也大为下降。

（2）操作：凭经验用手掂量，相同大小的饰品，感觉沉甸甸者，即为足金，足铂

金也可用此法识别。

（3）注意：若不是足金，则可能是K金或不含金饰品，掂重法难于区别它们。

3.试硬度法

（1）依据：硬度金2.5，铜3.0，小刀（针）5.5。不同K金的硬度不同，但都远超过足金。

（2）操作：用小刀或针在饰品背面划刺，或用牙咬，看是否留痕迹。留痕迹者是足金，否则不是。

（3）注意：若是K金或其他金属，则不能鉴别。

4.比延展性法

（1）根据：金具有最优良的延展性，手指粗的金条用手可以弯动。

（2）操作：用手扳，易扳弯且不会断裂者是纯金。

（3）注意：手镯或戒指若是开口式，则必是足金而不是K金；若是死扣，则可能是纯金也可能是K金。

5.听音法

（1）根据：纯金重且软，K金或假金轻且硬，则振动频率不同而音响不同。

（2）操作：将样品抛起让其落在硬处，如石板、水泥地等。听音：声音沉闷且不跳动者，发"噗嗒"声，是足金；声音响且跳动者，发"叮当"声，是K金或假金。

（3）注意：此法不易掌握，要靠经验积累。

6.硝酸点试法（浓HNO_3）

（1）根据：金不溶于浓硝酸但其他首饰用金属如铜、银等皆可溶于浓硝酸。

（2）操作：往样品背面滴一滴浓硝酸，或滴在试金石待测样品的条痕上，观察：若不反应，即不见气泡或颜色变化，则是足金；若有反应，但条痕只是部分溶解消失，则是K金；若有反应且条痕全部溶解消失，则不含金；条痕部分或全部溶解后液滴变蓝，则样品含铜。

（3）注意：浓HNO_3有强腐蚀性，不可触摸。在样品背面滴浓硝酸鉴别后，要立即用清水清洗。

7.火烧法

（1）根据：金的化学性质稳定，即使高温熔化也不与氧气反应，也不变色。但其他金属加热就易与氧气反应生成氧化物如AgO、CuO等，且这些氧化物多是黑色。

（2）操作：

①征得顾客同意后，用酒精灯外焰灼烧样品，观察：不变色者为纯金，变黑色者为K金或假金——"真金不怕火炼"，金店里常用此法。

②另外，首饰熔化翻新时注意观察：

a.纯金——焊枪烧熔后不变色，用镊子夹住放入水中冷却，不必放入盐酸中。行话"纯金吃水不吃酸"。

b.K金或假金——焊枪烧后变红色，用镊子夹住先放盐酸（HCl）中，立即变黄，再放入水中清洗冷却；若不放酸中只放水中冷却，则仍为黑色而不会变黄。行话说"K金吃酸不吃水"，主要区别黄色K金与其仿制品。

（3）注意：除黄色K金外，其他K金用此方法不能区别。

8.看印记（印鉴、标识）法

（1）根据：国家质量技术监督局《金银饰品管理规定》第八条"金银饰品印记应当包括材料名称、含金（银、铂）量"。国际上也有此严格规定。

（2）操作：印记均打在戒指内圈或饰品背面，极小，一般需用放大镜才能看清。黄金有18K，足、赤、G等字样。铂金有Pt900，Pt750等字样。

（3）注意：港澳台和意大利的厂家不看重印记，有的不打，全靠信誉。街头巷尾的加工者也不打印记。

国产黄金饰品都是按国际标准提纯配制成的，并打上戳记，如"24K"标明"足赤"或"足金"；18K金，标明"18K"字样，成色低于10K者，按规定就不能打K金印号了。目前社会上不法分子常用制造假牌号、仿制戳记，用稀金、亚金、甚至黄铜冒充真金，因而鉴别黄金饰品要根据样品进行综合判定来确定真假和成色高低。

二、仪器检测法

1.测金仪

（1）原理：根据电化学原理，不同金属材料的导电率不同，测定含量。

（2）优点：无损、快捷、准确，与计算机相连，屏幕上直接显示含金量。

（3）缺点：含量检测范围精度不高。

（4）型号：

①G-XL-24型：检测范围18K～24K

②G-XL-8型：检测范围6K～18K

③GT—2000型：检测范围10K～18K

2.电子探针分析法

（1）原理：使用高速电子束激发样品，样品所含的各种元素都会显示出自己的特征X射线，包括波长和强度，综合波谱仪和能谱仪进行分析，因而可以分析所有元素的含量，金的含量就可以确定。

（2）优点：无损、准确、快捷。与计算机相连，可以直接打印出各种元素的含量。在所有测试中精度最高。

（3）缺点：检测深度只有1～2微米，即$1～2×10^{-3}$毫米，所以，对镀金、包金、鎏金等饰品的外层厚度，如果超过$1～2×10^{-3}$mm，就不能检测胎体的成分。此时，要配合测定比重，才可以进一步确定整件饰品的成分。

3.X射线荧光光谱分析法

（1）原理：使用大功率X射线照射样品，使样品中各元素产生相应的特征荧光，分析各荧光的强度就可以确定各元素的含量，金的含量也就确定了。

（2）优点：无损、快捷，且检测深度可达1毫米，几分钟内显示屏上即可读出各元素及其大致含量，国际金融组织推荐此法。

（3）缺点：高含量部分精度不够理想。

4.比重法

（1）原理：利用阿基米德定律，测定待测样品的比重数值，将此数值与标准数值表（或曲线）对照，就可得到金的准确含量。

（2）优点：无损、准确，成本低，原理不复杂、操作简单。

（3）缺点：受温度影响，或者空心首饰，都会导致结果不准确。

（4）具体操作：

计算公式：密度$=m_空/m_空-m_水$

$m_空=$空气中的重量

$m_水=$在水中的重量

操作：用天平（感量0.0001克）称量出样品在空气中的重量和在浸入液中的重量，就可代入公式计算，计算出的密度与标准的数值表或者曲线对照，就可知其含金量。

5.化学光谱分析法

（1）原理：从待测饰品上取下极少量样品，在电极上打弧摄谱，所含元素都可从光谱中分析出结果。

（2）优点：准确，精度很高。

（3）缺点：破坏样品。故只适于在加工厂的原料质检时用。

复习思考题

1.金的性质有哪些？

2.简述金的使用历史。

3.岩金与砂金分别用什么方法提炼？

4.请试述简单的黄金提纯方法。

5.按我国国标规定，足金和千足金的含金量各是多少？

6.足金有哪三种计量方法？其中，公制与英制怎样换算？

7.市场上常见的几种K金的配制，并掌握配制的过程。

8.市场上常见的仿金制品有哪些？

9.试述金的常规鉴别方法。

小结

黄金是千百年来人们所追求的一种重要贵金属。它的物理性质良好，化学性质稳定，造就了它作为货币的重要组成部分，在航天、电子、首饰运用较广。作为一种首饰材料，加入不同的其他金属后能形成各种颜色的K金，不同颜色的K金能搭配不同颜色的宝石。正因为黄金稀少、价格贵，市场上出现许多仿制品，通过折弯、刻划、听声音、酸试、火烧等方法，可以有效地鉴别黄金。

第四章　银

第一节　银的概述

　　银，色泽纯白，强金属光泽。元素周期表中第47号元素，元素符号Ag，取自拉丁文Argenfum，意译为"明亮"。英文Silver，意译为银、银币、银器、银色的。汉语已将"银"字用来形容白而有光泽的东西，如银河、银杏、银鱼、银耳、银幕等等。化学性质稳定，但易与硫化合生成硫化银，致使银器表面变黑失色。具强延展性（仅次于金），且是热和电的良导体。银是首饰行业惯用金属材料，但由于太软，因此，常掺杂其他组分（铜、锌、镍等）。标准银的银含量为92.5%。近代，因银首饰易变黑失去光泽，再加其价值比金和铂明显偏低，因此银常被用于制作廉价首饰。银在工业上也有十分广泛的用途，如常利用其良好导电性制成各种精密仪器的电子元件和仪器等等。

　　在古代，人类就对银有了认识。银和黄金一样，是一种应用历史悠久的贵金属，至今已有4000多年的历史。由于银独有的优良特性，人们曾赋予它货币和装饰双重价值，英镑和新中国成立前用的银圆，就是以银为主的银、铜合金。银白色，光泽柔和明亮，是少数民族、佛教和伊斯兰教徒们喜爱的装饰品。银首饰亦是全国各族人民赠送给初生婴儿的首选礼物。近期，欧美人士在复古思潮影响下，佩戴着易氧化变黑的白银镶浅蓝色绿松石首饰，给人带来对古代文明无限美好的遐思。而在国内，纯银首饰亦逐渐成为现代时尚女性的至爱选择。银是古代就已经知道的金属之一。银比金活泼，虽然它在地壳中的丰度大约是黄金的15倍，但它很少以单质状态存在，因而它的发现要比金晚。在古代，人们就已经知道开采银矿，由于当时人们取得的银的量很小，使得它的价值比金还贵。公元前1780～前1580年间，埃及王朝的法典规定，银的价值为金的2倍，甚至到了17世纪，日本金、银的价值还是相等的。银最早用来做装饰品和餐具，后来才作为货币。

　　按成色可分为：

　　（1）纯银（宝银）——也可以作为国家金库储备。

　　（2）足银（纹银）。

　　（3）杂银（色银）——以白银为主的银基合金。

　　按其制造方法可分为：

　　（1）铸造银（将白银熔化后，在模具中浇铸而成）

　　宝银、砖银、锭银、煎饼银（底部含铅）、条银（制造首饰原料）

　　（2）打造银：

　　①器皿银：餐具、茶具、花瓶、盾牌等

②首饰银：镯子、戒指、耳环、项链等

第二节　银的用途与发现历史

银在自然界中很少以单质状态存在，大部分是化合物状态，因而它的发现要比金晚，一般认为在距今5500～6000年以前。涅克拉索夫的《普通化学教程》中也谈到自然银，天然银多半是和金、汞、锑、铜或铂成合金，天然金几乎总是与少量银成合金。中国古代已知的琥珀银，在英文中称为ELECTRUM，就是一种天然的金、银合金，含银约20%。（见图4-1）最初由于人们取得银的量很小，使得它的价值比金还贵。

图4-1（彩图12）

中国内蒙古一带的牧民，常用银碗盛马奶，可以长期保存而不变酸。据研究，这是由于有极少量的银以银离子的形式溶于水。银离子能杀菌，每升水中只消含有一千亿分之二克的银离子，便足以使大多数细菌死亡。古埃及人在两千多年前，也已知道把银片覆盖在伤口上，进行杀菌。现代，人们用银丝织成银"纱布"，包扎伤口，用来医治某些皮肤创伤或难治的溃疡。

银不会与氧气直接化合，化学性质十分稳定。奇怪的是，1902年2月，在拉丁美洲古巴附近的马提尼岛上，银器在几天之内都发黑了。后来查明，原来火山爆发了，火山气中含有少量硫化氢，它与银作用生成黑色的硫化银。平常，空气中也含有微量的硫化氢，因此，银器在空气中放久了，表面也会渐渐变暗，发黑。（见图4-2）另外，空气中夹杂着微量的臭氧，它也能和银直接作用，生成黑色的氧化银。正因为这样，古代的银器到了现在，表面不像古金器那么明亮。不过，含有30%钯的银钯合金，遇硫化氢不发黑，常被用来制作假牙及装饰品。银在稀盐酸或稀硫酸中，不会被腐蚀。但是，热的浓硫酸、浓盐酸能溶解银。至于硝酸，更能溶解银。

图4-2（彩图13）

不过，银能耐碱，所以在化学实验室中，熔融氢氧化钾或氢氧化钠时，常用银坩埚。

银与金一样，也是金属中的"贵族"，被称为"贵金属"，过去只被用作货币与制作装饰品。现在，银在工业上有了三项重要的用途：电镀、制镜与摄影。在一些容易锈蚀的金属表面镀上一层银，可以延长使用寿命，而且美观。玻璃镜银光闪闪，那背面也均匀地镀着一层银。不过，这银可不是用电镀法镀上去的，而是用"银镜反应"镀上去的：把硝酸银的氨溶液与葡萄糖溶液倒在一起，葡萄糖是一种还原剂（现在制镜厂也有用甲醛、氯化亚铁作还原剂），它能把硝酸银中的银还原成金属银，沉淀在玻璃上，于是便制成了镜子。热水瓶胆也银光闪闪，同样是镀了银。

第三节　银的基本性质

银是一种白色金属，具有强烈的金属光泽。其性质主要包括如下：

一、物理性质

在自然界中，银主要以化合物状态存在，地壳含量很少，仅占1×10^{-5}%。纯银为银白色，熔点960.8℃，比金和铂都低得多。沸点2210℃，密度10.5g/cm³，比金和铂都轻得多。硬度：3，比金硬，比铂软，属柔软金属，塑性良好，延展性仅次于金，但因其中含有少量砷As、锑Sb、铋Bi、铅Pb，易脆。导电性比金和铂好。

纯银的延展性很好，仅次于金。延展性比较：金>银>铂。

1克银可以拉成2000米长的细丝，可碾成0.025毫米厚的银箔。所以，银也易制作成精致的饰品。

二、化学性质

银虽然属于较稳定的金属，但与金和铂相比，较易与其他物质发生反应。

（1）常温下不与氧气反应，但熔融时能与氧反应，且会挥发，所以，银饰品熔化加工时有损失，通常在1%以下。

（2）常温下能与硫化氢反应生成黑色的硫化银。银器和银饰品变黑，就是与空气中微量的H_2S反应生成Ag_2S的缘故。

（3）能溶解于浓硝酸、浓硫酸，在鉴别银与金和铂时，可用此性质。

（4）盐酸和王水都只能使其表面生成氯化银AgCl薄膜而中止反应，于是不再溶解。在精炼粗金时可用此性质。

（5）能溶于氰化钠的水溶液，故可用氰化法（堆浸法）从银矿中提取银。

（6）银不与氧直接化合，在熔融状态下银能溶解大量的氧。银冷却固化后，氧就会析出，并时常出现金属喷射现象。

（7）银不与氢、氧和碳直接反应。加热时银易与硫形成Ag_2S。银还与游离的氯、溴、碘相互作用形成卤化物。

（8）银能溶于硝酸和浓硫酸，易与王水、饱和含氯的混合酸起反应，不同的是银形成氯化银沉淀，用此法可以分离黄金和白银。

（9）能以水银（汞）形成银白色的膏状体，银矿中多采用混汞法来提银。

第四节　银的地壳储量及开采

一、人类使用银的历史

（1）自然界虽然有单质银，但大部分是化合态，所以，银的发现和使用比金晚。

（2）因为单质状态的金多而单质状态的银少，所以在古代冶炼金的技术未发明之前，银的价值比金的高。

（3）银与金一样，最早是用作饰品，后来又用作钱币，近代和现代才有了更广泛的用途。

二、银的地壳储量

（1）总含量：银在地壳中的含量为$1 \times 10^{-5}\%$，比金和铂的$10^{-7}\%$多约100倍。全球现有远景储量42万吨。

（2）自然银：智利曾发现重1420公斤的自然银块，挪威有世界最大的自然银矿。

（3）化合态银矿：银主要是与硫和与氯的化合物形成的银矿存在于自然界，同时，银还常与铜、铜、锌、金等金属共生。全球75%的银是从这些矿物中获得，另外25%是从自然银以及工业废渣、相馆、电影制片厂、电镀厂回收获得。

三、银矿的开采及银的提炼

（1）银矿的开采：银矿的开采与其他矿床相似，须按矿床的条件采取开洞打井等方式采矿。

（2）银的提炼：不同的银矿采用不同的方法：

①湿法提银：自然银、金银矿、角银矿（$AgCl$）、辉银矿（Ag_2S）等，可采用混汞法或氰化法。

②火法冶炼：硫砷银矿、硫锑银矿、银方铅矿等，浮选成精矿，再送高温冶炼。

四、银的世界产量及产银大国

1.银的世界总产量

表4-1　　　　　　　　　　　银的世界总产量统计表

1992年	1993年	1994年	2009年	2010年	2021年
14679吨	14337吨	15239吨	27227吨	29576吨	24399吨

注：70年代以前为5千吨／年以下。

2.世界产银大国

（1）主要在美洲，其中墨西哥被誉为"白银之国"。

（2）墨西哥>秘鲁>中国>智利>澳大利亚（2021年）。

（3）中国：

①中国的白银储量居世界第三位；

②中国最大的银矿是河南省南阳市桐柏县的破山银矿；

③中国最大的银市场是：

a.上海华通有色金属现货中心批发市场。

b.湖南省郴州市永兴县（金银县），年交易白银500吨，黄金6.8吨。

第五节 银的用途

一、工业生产与科技

（1）理想的导电材料：精密仪表、自动化装置、火箭、潜艇、通信等设备上的大量导线及触点。

（2）银锌电池：体积小而容量大。

（3）自冷却渗银多孔钨：冷却火箭喷管。

（4）银焊：电信和宇宙飞船的重要接件都用银焊。

（5）银合金：银加入钢铁、铝，及其他金属中，可使它们具有优良的性能。

（6）照相：无论黑白照或是彩色照，无论胶卷和相纸，都是用银的卤化物作感光材料。

（7）人工降雨剂：AgI。

（8）医学消毒：银器、硝酸银都可杀菌消毒。

（9）各国工业用银1975年以前为1300吨左右，到1994年增长到21552吨。

二、货币

（1）古代中国和埃及，都是用银作货币，因为古代银比金更难获得，所以银比金昂贵。

（2）银作货币一直延续到近代，我国旧时的银锭和银钱称为"纹银"，是含铜7.5%的银铜合金，又称标准银或货币银。现在的银币常用足（纯）银（含量99.0%）制作。（如图4-3、图4-4、图4-5）

图4-3（彩图14）

图4-4（彩图15）

图4-5（彩图16）

三、银饰品

（1）银与金一样，人类自古就用来做饰品。

（2）近代人们用银作餐具：酒杯、碗、盘、勺、筷等。

（3）纯银饰品：在我国，很多少数民族都喜欢用纯银做服装上的装饰品和各种首饰，市场上也常用99.9%的纯银制作摆设饰品，如银元宝、银工艺品等。

（4）成色银饰品：银和铜的合金叫成色银。现在，市场上的银饰品常用两种成色银来制作：

①含银量为92.5%的成色银：俗称925银，标记S925，又称纹银，或K银，7.5%是铜，有一定硬度，耐磨，使用最多。有戒指、别针、发夹、项链等。

②含银量为80%的成色银：手铃、领夹、帽花、银器具等。

（5）银与金，银与其他金属的合金，银表面镀金，成色银表面镀纯银，铜表面镀银，这些材料和工艺，都是现代科技的新产品，正在市场上悄然出现。

第六节　银的价格

（1）1950年前后为0.7～0.9美元/盎司

（2）60年代平均价约为1.5美元/盎司

（3）70年代平均价约为6.1美元/盎司

（4）80年代平均价约为4.1美元/盎司（连续五年下跌）

（5）1993年首次上扬到4.29美元/盎司，1994年5.28美元/盎司

（6）2011年达到历史新高：48.70美元/盎司

（7）2022年1月为23.08美元/盎司

第七节　市场上银饰品与白色金属饰品的鉴别

（1）看印鉴：正规厂家的产品都必须有印鉴：Silver或S或Ag，SF是铜镀银。而铂金是Pt，白色K金是Au或G。

（2）掂重量：银比铂轻一半，比金也轻得多，可掂量出来。

（3）灼烧：用酒精灯外焰灼烧后冷却，银变为纯白色而铂不变色。

（4）观感：银是洁白的，较软，而铂是灰白的、较硬。

（5）硝酸点滴：将样品在试金石上划痕，再滴上浓HNO_3，磨痕消失者是银，不消失者是铂或金；磨痕消失后可滴入盐酸，可产生乳白色沉淀，沉淀越多，含量越高。

（6）比价格：虽然银和铂的饰品都是白色的，但银价远比铂价低，消费者到有信誉的商场去，对同样大小的饰品，比一比价格的巨大差距就可判断了。

（7）欲知饰品中银的含量，必须送到专门的检验部门检测，凭上述方法是不可能的。

（8）其他仿银、仿铂、仿白K金的白色仿真饰品，须根据实际情况，谨慎鉴别。

第八节　云南民间的银饰品加工

一、云南有三个民间银器加工村

鹤庆的新华村、通海的一些村子、广南的一些村子。这三个地区民间加工银器已有数百年历史。

（1）新华银器销往（古茶道之路）西藏青海的藏族聚居地。（见图4-6、图4-7）

（2）广南的银器销往广西的壮族聚居地。（见图4-8）

（3）通海的银器销往彝族聚居地和昆明等地。（见图4-9）

二、民间银器中自己掺兑铜、锡、铅，所以含量不统一

而且，民间把铜与锡掺兑，或把铜与铅掺

图4-6（彩图17）

图4-7（彩图18）

图4-8（彩图19）

图4-9（彩图20）

兑，都可制得白色锡铜合金，或铅铜合金，俗称"白铜"，有韧性，外观似银，制作饰品后冒充银器，也有俗称"响锡"，所以民间有谚语："黄铜当作真金子，响锡当作雪花银"。（见图4-10）

图4-10（彩图21）

复习思考题

1.银首饰上的印记Ag或S从何而来？
2.银有哪些重要的化学性质和物理性质？
3.银有哪些特殊的加工性质？
4.怎样鉴别银、铂及其他白色仿制品？
5.请调查云南民间银饰品加工的情况。

小结

银，一种银白色的贵金属，在很早之前就作为货币在使用，但发现略晚于金。导热率和导电率是在所有的金属当中最好的；化学性质稳定，但与硫生成黑色的硫化银。该金属是在所有贵金属当中最轻的，反射率是最好的。由于储量大，其价格远远低于其他贵金属，是人们大量使用的首饰材料之一，各种年龄层次和各民族都爱佩戴。

第五章　铂及其他贵金属

第一节　铂的地壳储量及开采

一、铂的地壳储量

（1）铂在地壳里的平均含量为$5 \times 10^{-7}\%$，与金相似。铂是$5 \times 10^{-7}\%$，一亿分之五。

（2）铂在地壳里分布得比金分散，而且铂矿的品位比金矿低，0.1～0.01克/吨，因此，人们获得的铂比获得金更困难，投入的成本更高，产量更少，所以，铂比金的价格更高更贵。

①近几年来，世界铂年产量只是金的1/25左右。

②2021年铂金首饰价550元/克～580元/克，而黄金390元/克～420元/克。

③目前伦敦和纽约的贵金属市场上，由于产量不均衡和工业需求，铂金和黄金的价格差距越来越小甚至两者价格倒挂（见前第二章贵金属的市场价资料）。

二、人类使用铂的历史

（1）铂的发现：1735年，法国和西班牙派遣的科学考察团到南美洲秘鲁赤道附近测量子午线时，海军军官、数学家、旅行家乌罗亚在平托河（Pinto）的沙滩上发现了一种白色的金属，当时取名为"平托河上的白银"，西班牙文Platina是白银之意。9年后1744年他返回欧洲，将"白银"交给英国化学家沃森鉴定，4年后1748年才最终确定这不是"白银"而是一种新的金属，并以拉丁文Platinum命名，英文名从拉丁文，也是Platinum，意译为"银灰色"。中文"铂"，既从音译，又表示"白色金属"。

（2）人类使用铂有3000多年的历史，比黄金晚得多。

①古代：南美洲的玛雅人用铂和金的合金打制饰品，北非的古埃及人用铂打制饰品。

②18世纪初，大批西班牙人涌向南美淘金，他们把砂金中伴生的铂看作是"未成熟的黄金"，并仿效当地印第安人的办法，将铂剔除，扔进河里，希望它成熟变为黄金。由于铂比金重，有的"不法"商人把铂混入金里，或将铂条外包上金箔冒充金条。欧洲各国曾明令：禁止开采，禁止输入，偷进铂者犯死罪。

③18世纪末期，人们开始研究铂的性质及提纯等。

④19世纪初，人们将铂制作钱币，器皿和饰品等，但此后100多年的时间里，人们未能找它的其他用途。

（3）现代，随着现代科技和生产水平的发展，人们研究并发现了铂的种种优良特性，从而使铂得到了广泛应用，铂已经成为不可缺少的特殊材料，因而价值剧增。

三、铂矿及其品位

1.铂矿

（1）由于铂的化学性质很稳定，所以，自然界的铂多以单质状态存在，与金相似。

（2）世界最大的铂矿是南非的Transvaal德兰士瓦铂矿，储量约1.2万吨，其次是俄罗斯的乌拉尔铂矿，储量约2000吨，1867年至1913年46年间全球共产铂225吨，平均每年约产出5吨，曾产出一块世界上最大的自然铂重9.6公斤。再次是加拿大，此外，美国、哥伦比亚、中国等60多个国家，也有大小不等的铂矿。

（3）我国铂矿总储量200多吨，但无大型铂矿床，甘肃金昌镍矿是我国铂金重要生产企业，年产量10吨，我国铂主要依靠进口。

（4）除以铂为主的矿床外，铂还常与金、钯等矿伴生。

（5）铂矿与金矿相似，也有原生矿与砂矿之分，但都与其他金属伴生，独立的铂矿较少见。其中砂铂矿只占3%，而原生铂矿占97%。

2.铂矿的品位

一般铂矿的品位在零点几克/吨～零点零几克/吨之间，是金矿品位的1/10～1/100。工业品位是0.2g/t，富矿可达几十克/吨。

3.铂的精炼

（1）湿法：将生铂（含杂质的铂）用王水、汞等试剂溶解、沉淀，提纯。

（2）电解：将生铂电解，可制得高纯度铂。

四、世界产铂大国及铂产量

1.世界铂产量高度集中在三大产铂国，占总产量的98%

（1）南非：其产量约占世界总产量的60%左右。

（2）俄罗斯：其产量约占世界总产量的30%左右。

（3）加拿大：其产量约占世界总产量的8%左右。

2.近几年全球需求量及产量

表5-1　　　　近几年全球铂的需求量和产量

年份	1995年	1996年	1997年	2021年
需求	480万盎司	477万盎司	512万盎司	812.5万盎司
产量	499万盎司	485万盎司	560万盎司	788.3万盎司

第二节 铂的性质

一、铂

（1）元素周期表中第78号元素，元素符号Pt，取自拉丁文Platinum，按国际科学界规定，元素符号的第一个字母大写，第二个字母小写，所以，市场上对铂金首饰的印记或标签，应是Pt，凡"PT"者，皆是错误的。

（2）铂的英文与拉丁文相同，也是Platinum，所以铂金首饰也有用Pm或Plat标印记的。

（3）中国国家标准规定，含量≥99.0%的铂称为足铂。

二、化学性质

（1）常温下，不与氧、酸、碱、盐等反应，排在金属活动顺序表的金之前，非常稳定。所以，用作首饰也像黄金一样，恒久不变。

（2）铂可溶于水银、王水和熔融碱（NaOH），在铂的精炼时利用这个性质。

（3）铂加热，接近450℃时，表面会生成一层二氧化铂PtO_2，约450℃时，PtO_2分解，高于450℃，继续氧化继续分解，致使铂缓缓失重。这是一个很大的缺点，所以，在首饰加工厂计算损耗率时，铂金比黄金高得多。某首饰厂在加工铂金首饰时，连车磨损失在内，共以15%的损耗率计价。

（4）铂有优良的催化剂功能。

三、物理性质

（1）密度：$21.45g/cm^3$，比金重（$19.3 g/cm^3$），远重于其他常见金属和首饰用金属，易鉴别。

（2）熔点：1772℃，比金高（1063.4℃）。一般焊枪达不到此温度，需使用加氧的高温喷枪，而且，高温时会氧化挥发而损失重量，所以，一般金匠不加工铂金。

（3）摩氏硬度：4～4.5，虽比金（2.5）硬，但是比玻璃、小刀等软，仍属柔软的金属。足铂不能用作镶嵌宝石，只能用作不镶嵌首饰。添加其他金属后硬度增加。

（4）有良好的导热性和导电性，电阻稳定。

四、特殊的加工性

（1）足铂延展性极好，仅次于金；所以，纯度为99%以上的铂易制作成精细的饰品。

（2）铂含有其他金属形成合金之后，硬度有较大增加，且脆性也增大，所以，含量为90%及其以下的铂金，较难加工，"爪"宝石的"爪"不小心会折断。

（3）由于铂金熔点高，一般汽油火焰不能将其熔化，通常采用氢气＋氧气、乙炔＋氧气、液化石油气＋氧气才能熔化。但熔化过程中，铂金具有吸气性，氢气渗入铂中，在内部产生气孔，使铂变脆，称为氢脆；乙炔、液化石油气中的碳会渗入铂中，形成片晶碳在原子间，也使铂变脆，称碳脆。所以熔料要避免氢脆和碳脆，而采用中频电炉熔炼。

第三节　铂的用途

一、工业与高科技

由于铂有很高的化学稳定性和催化活性，所以，铂及铂的合金在现代工业和科技中，如：化学、汽车、石油、电工、玻璃、医学、航天、计算机等领域里，获得了广泛的应用。由于其储量及产量有限，价格昂贵，因此，近年来不少国家已在研究用其他材料代替铂在某些方面的用途。（例如2000年全国高三化学竞赛第14题称："铂几近枯竭……"）

（1）制作各种高温下的耐腐蚀的坩埚、蒸发皿、反应器、喷嘴、电触点、继电器、电阻、电极、火花塞、印刷电路、仪器、医疗器械等等。

（2）制作吸气剂：常温下一体积铂（海绵状）可吸收1000体积的氢气，受热时又放出气体。很多真空容器用到，消除残存气体也用到，亦可用于富集气体。

（3）制作抗癌药：如"顺铂""卡铂"都是抗癌药。

（4）制作催化剂：铂在氢化、氧化、环化、异构化、脱水、脱卤、裂解等反应中都是优良的催化剂，没有它，人们将难于制造出很多东西。（如：常温下的氢氧反应，双氧水放氧气，气体燃烧打火机及喷气式飞机喷火口，铂催化电池，宇宙飞船）。

二、铂金饰品

虽然人们用铂金作首饰历史远久，但直到80年代后才逐渐时兴而用量猛增，全球铂金首饰制造商超过3800家，零售商超过32000家，全球铂金首饰用量如下：

表5-2　　　　　　　　　　　全球铂金首饰用量统计表

1980年	1988年	1994年	1997年	2011年
65万盎司	118万盎司	170万盎司	207万盎司	246万盎司

1.日本

（1）日本是世界铂金首饰消费第一大国，以1996年消耗148万盎司为例，占全球总量的74.3%

（2）订婚与结婚用铂金戒指，1996年比1995年增长85%。

（3）铂金首饰销售额占所有首饰销售额的58%。

2.美国

（1）铂金首饰消费量：

表5-3 美国铂金首饰消费用量统计表

1975年	1989年	1992年	1995年	1997年
2.1万盎司	1.3万盎司	3.5万盎司	6.5万盎司	16万盎司

（2）订婚结婚的首选物——铂金戒指，1991年销售额达320亿美元。

（3）全美有85130家零售商在卖铂金首饰。

3.意大利

（1）1997年进口铂3700公斤制造首饰，合11.9万盎司，其中，结婚戒指占销售额的42%。

（2）国内有铂金制造商300家。

4.英国

铂金首饰销售额1997年比1995年增长60%。

5.中国

（1）目前，铂金首饰销售额占所有首饰的10%。

（2）1996年销售45亿元RMB，1997年70亿元RMB。

（3）消费群体：刚踏入社会的女青年月薪2000元左右，订婚结婚的男女青年5000～8000元之间，工薪族中年人3000～10000元之间，艺术家和企业主：1万到几万元。

（4）自2003年起，中国铂金消费总量超过日本成为世界铂金消费第一大国。

市场上铂金饰品的种类：

（1）镶嵌与非镶嵌饰品：随着人们对铂金饰品喜爱的升温，黄金饰品有的种类，如镶嵌宝石或不镶嵌宝石的项链、胸坠、手镯、戒指、耳坠等等，都不断地用铂金来制作。

（2）铂金钻戒：人们特别钟爱铂金镶嵌钻石的首饰，因为黄金镶钻会使钻石显出黄味来，而铂金的白色只会使无色（白色）的钻石更加耀眼夺目，其中，铂金钻戒既符合传统，又领导时尚，因而更受消费者特别是年轻人的青睐。

（3）铂金黄金混镶：同一件首饰（如戒指）上，部分用铂金部分用黄金，又是别具一格款式。

第四节　铂金饰品的印记与含量

（1）国内外凡正规厂家的产品，都在首饰的背面或其他非主要部分刻印有印记：Pt、Plat、Pm字样，"PT"不规范。

（2）足铂金（纯铂金）：我国国标规定，99%以上的铂金即可称为足铂金（纯铂金），足铂金与足黄金一样，因其软（硬度4）而不能用于镶嵌宝石。纯铂金只能用作非镶嵌饰品。

（3）市场上某些商家将Pt900称为"足铂"，其实，"足铂"并不足，它是由90%的铂Pt和10%的钯Pd组成，消费者应注意不要与真正的足铂Pt990相混。

二、市场上常见的首饰用白色金属

（1）凡是证书上写有"铂"，或首饰上标有Pt、Pm、Plat者，是铂金首饰。

（2）凡是无上列文字和标记，只写"白K金"或"K白金"者，便要十分小心，有下列可能：

①"白K金"是"白色的K金"（彩金之一）的简缩写，是黄金而不铂金，此时应有多少K的标记才是正常的规范的。否则便不可信。

②"K白金"的写法有两种可能：一是以K为计量的铂金，此时要检查是否有Pt等铂的标记，但要说明的是，这种计量法不合国标规定，铂的合金不以K计，而是以千分数计；二是"白色K黄金"缩写的误写，此时也要查看是否有K数等标记，否则便不可信。

（3）"白金"的写法有两种可能：

①是铂金。部分商家将白与铂混用，这既有某些行业传统的因素，又有文化程度不够就来从业的因素，但并无欺诈顾客的主观因素。

②是白色的K金。规范的写法应是"白色K金"或"K金"，商家少写一个K字，也是两种可能：一是不懂而误写，并无欺诈故意，二是懂而故意少写，欺骗不懂的顾客。

（4）由于铂金价比黄金价高许多，所以在购买时一定要弄准确是铂金还是白色的黄金。

第五节　铂金首饰的鉴别

市场上用各种白色的金属或者合金制作的首饰很多，这些首饰常与铂金首饰相混，所以购买时要注意把它们区别开来。主要有：①钯金来冒充铂金；②白色K金冒充铂金；③是用铜铁合金电镀白色金属冒充铂金。

下面来介绍几种常用的鉴定方法：

（1）印记法：见前内容。

（2）掂重法：由于铂金是所有首饰用金属中最重的（21.45g/cm³），所以，足铂首饰可用手掂其重量而凭感觉经验作出判断。

（3）硝酸加盐试验

将待鉴定的铂金饰品在试金石上磨道，在磨道上盖一层食盐，不必盖严；然后，在食盐上滴上硝酸，湿透为止；再在食盐上加一些热纸烟灰，起催化作用。在20分钟以后，用清水冲洗食盐和硝酸。干后，正看侧看。若均无变化，则其成色在99%左右；若微有酸痕，则其成色在95%左右；若硝酸痕迹较大，则其成色在80%～90%左右；若磨道被腐蚀掉一层，痕迹变为灰色，则其成色在70%左右；若残迹全部消失，则是假铂金。

（4）煤气灯自燃鉴定

将待鉴定的铂金饰品放在煤气灯口上。若是真铂金，则过一两分钟，饰品就会发红，并且煤气灯会自动点燃。若饰品不是铂金，则无此反应。

（5）双氧水反应法

铂金是很好的催化剂，具有独特的催化作用。利用这一特性，可快速鉴定铂金。常用双氧水反应法。具体方法是：取少许待测物粉末，置于盛双氧水（H_2O_2）的塑料瓶中，若系铂金则双氧水立即白浪翻滚起泡，分解出大量氧气，反应后的铂金仍原封不动，还可回收（它只起加速分解作用）；若是假铂金或其他白色金属，如铅、银、铝等，则无此反应。

（6）其他含量的铂金首饰，由于密度降低，可能会与其他白色的金属或合金相混，所以，消费者如有疑义，只能送检验部门用仪器检测。

（7）价格法：由于铂金首饰的价格远比其他白色金属首饰的价格高，只要不是恶意欺诈的商家，顾客也可以从价格上将它们区别开来。

第六节　市场上常见的仿铂材料的种类

市场上的仿铂材料主要有三种，①钯金来冒充铂金；②白色K金冒充铂金；③用铜铁合金电镀白色金属冒充铂金。

第七节　铂金的价格

一、世界铂价

（1）1994年：405美元/盎司（109.39元/克）;1995年470美元/盎司（126.95元/克）;1997年上半年400美元/盎司（108.04元/克），下半年随黄金价下跌，跌到380美元/盎司（102.64元/克）;1998年继续下跌到370美元/盎司（99.94元/克）。

（2）2011年7月29日，纽约市场1755.66美元/盎司=363.38元/克。

二、中国铂价

（1）80年代初：80元／克
（2）2000年：150元/克～180元／克
（3）2021年：195元/克

三、2011年世界铂价

（见前第二章）

第八节　其他贵金属

一、钯

钯，化学符号Pd，原子序数46，原子量106.4，是由1803年英国化学家沃拉斯顿从铂矿中发现的化学元素，是航天、航空等高科技领域以及汽车制造业不可缺少的关键材料。

钯可由铂金属的自然合金分出。钯在地球上的储量稀少，采掘冶炼较为困难，属稀贵金属系列的范畴。钯在地壳中的含量为$1 \times 10^{-6}\%$，常与其他铂系元素一起分散在冲积矿床和砂积矿床的多种矿物（如原铂矿、硫化镍铜矿、镍黄铁矿等）中。

钯是银白色过渡金属，较软，有良好的延展性和可塑性，能锻造、压延和拉丝。块状金属钯能吸收大量氢气，使体积显著胀大，变脆乃至破裂成碎片。

常温下，1体积海绵钯可吸收900体积氢气，1体积胶体钯可吸收1200体积氢气。加热到40～50℃，吸收的氢气即大部释出，广泛地用作气体反应，特别是氢化或脱氢催化剂，还可制作电阻线、钟表用合金等。

钯是航天、航空、航海、兵器和核能等高科技领域以及汽车制造业不可缺少的关键材料，也是国际贵金属投资市场上的不容忽略的投资品种。

氯化钯还用于电镀；氯化钯及其有关的氯化物用于循环精炼并作为热分解法制造纯海绵钯的来源。一氧化钯（PdO）和氢氧化钯Pd（OH）$_2$可作钯催化剂的来源。四硝基钯酸钠Na$_2$Pd（NO$_3$）$_4$和其他络盐用作电镀液的主要成分。

钯在化学中主要做催化剂；钯与钌、铱、银、金、铜等熔成合金，可提高钯的电阻率、硬度和强度，用于制造精密电阻、珠宝饰物等。市场上常见钯金首饰有千足钯（Pd999）、足钯（Pd990）、Pd950。

二、铑

铑，元素符号Rh，原子序数45，原子量102.9055，和钯是同族元素，元素名来自希腊文，原意是"玫瑰"。1803年英国化学家和物理学家沃拉斯顿从粗铂中分离出两种新元素铑和钯。铑在地壳中的含量为十亿分之一，常与其他铂系元素一起分散于冲积矿床和砂积矿床中。质坚硬，不受酸的侵蚀，用作高质量科学仪器的防磨涂料和催化剂，铑铂合金用于生产热电偶。也用于镀在车前灯反射镜、电话中电器、钢笔尖、白金首饰等，在首饰中主要用在白色K金、铂金、钯金、银表面的装饰性电镀。

三、铱

铱，元素符号Ir。原子序数77，原子量192.22，元素名来源于拉丁文，原意是"彩虹"。1803年英国化学家坦南特、法国化学家德斯科蒂等用王水溶解粗铂时，从残留在器皿底部的黑色粉末中发现了两种新元素——锇和铱。铱在地壳中的含量为千万分之一，常与铂系元素一起分散于冲积矿床和砂积矿床的各种矿石中。

铱的化学性质很稳定。是最耐腐蚀的金属，铱对酸的化学稳定性极高，不溶于酸，只有海绵状的铱才会缓慢地溶于热王水中，如果是致密状态的铱，即使是沸腾的王水，也不能腐蚀铱；稍受熔融得氢氧化钠、氢氧化钾和重铬酸钠的侵蚀。一般的腐蚀剂都不能腐蚀铱。

纯铱专门用在飞机火花塞中，多用于制作科学仪器、热电偶、电阻线以及钢笔尖等，做合金用，可以增强其他金属的硬度和抗腐蚀性。纯净的铱多用于合金，铱虽然有单独使用，但这样的情况比较少，单独以致密金属状的形式出现的形态一般作为锭状，坩埚，或者丝状。将铱加工成丝状的成本高，使得铱丝的市场售价高达每克1000元左右，所以铱经常以合金形式出现，它与铂形成的合金（10%的Ir和90%的Pt），因膨胀系数极小，常用来制造国际标准米尺，世界上的千克原器也是由铂铱合金制作的。

铱金是稀有贵重金属，稀有程度在铂金之上，其熔点、强度和硬度都很高，颜色为银白色，具强金属光泽，硬度7，相对密度22.40，性脆但在高温下可压成箔片或拉成细丝，熔点高，达2454℃。化学性质非常稳定，不溶于水。主要用于制造科学仪器、热电偶、电阻丝等。高硬度的铁铱和铱铂合金，常用来制造笔尖和铂金首饰。由于其极高的熔点和超强的抗腐蚀性，铱在高水平技术领域中得到广泛的使用，如航天技术，制药和汽车行业。

四、锇

锇，铂族金属成员之一。元素符号Os，原子序数76，相对原子质量190.2，属重铂族金属。

1803年，法国化学家科德斯科蒂等人研究了铂系矿石溶于王水后的渣子。他们宣布残渣中有两种不同于铂的新金属存在，它们不溶于王水。1804年，泰纳尔发现并命名了它们。其中一个曾被命名为ptenium，后来改为osmium（锇），元素符号定为Os。ptenium来自希腊文中"易挥发"，osmium来自希腊文osme，原意是"臭味"。这是由于四氧化锇OsO_4的熔点只有41℃，易挥发，有恶臭。它的蒸气对人的眼睛特别有害。

锇是金属单质中密度最大的，为22.59g/cm^3（密度第二大的为铱，22.56g/cm^3）。锇的共价半径特别小，也就是说锇原子排列得非常紧密，密度也就相当大，铱的共价半径比锇略小一点，密度排名第二。

金属锇极脆，放在铁臼里捣，就会很容易地变成粉末，锇粉呈蓝黑色。金属锇在空气中十分稳定，熔点是2700℃，它不溶于普通的酸，甚至在王水里也不会被腐蚀。可是，粉末状的锇，在常温下就会逐渐被氧化，并且生成黄色四氧化锇。四氧化锇在48℃时会熔化，到130℃时就会沸腾。锇的蒸气有剧毒，会强烈地刺激人眼的黏膜，严重时会造成失明。锇在工业中可以用作催化剂。合成氨时用锇做催化剂，就可以在不太高的温度下获得较高的转化率。如果在铂里掺进一点锇，就可做成又硬又锋利的手术刀。利用锇同一定量的铱可制成锇铱合金。铱金笔笔尖上那颗银白色的小圆点，就是锇铱合金。锇铱合金坚硬耐磨，铱金笔尖比普通的钢笔尖耐用，关键就在这个"小圆点"上。用锇铱合金还可以做钟表和重要仪器的轴承，十分耐磨，能使用多年而不会损坏。

五、钌

钌，一种硬而脆呈浅灰色的多价稀有金属元素，是铂族金属中的一员，元素符号：Ru。钌是一种硬质的白色金属，密度12.3g/cm³。熔点2310℃，沸点3900℃。化合价+2、+4、+6和+8。第一电离能7.37电子伏特。化学性质很稳定。在温度达100℃时，对普通的酸包括王水在内均有抗御力，对氢氟酸和磷酸也有抗御力。在室温时，氯水、溴水和醇中的碘能轻微地腐蚀钌。对很多熔融金属包括铅、锂、钾、钠、铜、银和金有抗御力。与熔融的碱性氢氧化物、碳酸盐和氰化物起作用。

钌是铂系元素中在地壳中含量最少的一个，也是铂系元素中最后被发现的一个。它在铂被发现100多年后，比其余铂系元素晚40年才被发现。不过，它的名字早在1828年就被提出来了。当时俄国人在乌拉尔发现了铂的矿藏，塔尔图大学化学教授奥桑首先研究了它，认为其中除了铂外，还有三个新元素。奥桑把他分离出的新元素样品寄给了贝齐里乌斯，贝齐里乌斯认为其中只有pluranium一个是新金属元素，其余的分别是硅石和钛、锆以及铱的氧化物的混合物。

复习思考题

1. 铂金除首饰行业外的其他用途有哪些？
2. 铂金有哪些特殊的性质？
3. 铂金及其仿制品的鉴别方法有哪些？
4. 试分析铂金的用途广泛后对其价格的。
5. 请查阅资料后，列表整理几种铂族元素的物理、化学性质。
6. 请写出钯、铑在首饰行业的运用。
7. 请写出钌、铱、锇在其他行业的运用。

小结

铂是一种白色但金属质感很强的金属，由于熔点高，一般火焰不能将其熔化，而采用氢氧火焰、乙炔火焰或中频电炉熔炼。由于铂金在熔化时会生成大量的氧化物，所以加工时的损耗比其他贵金属的要大。

铂在地球上含量较稀少，再采和加工困难，所以价格也较昂贵。除用在首饰行业，也大量运用到航天、电子、化工、制药各种行业。

第六章　传统首饰加工工艺

第一节　鎏　金

鎏金是一种古老的传统工艺，古称火镀金、汞镀金、混汞法等，主要是将金和水银（汞）合成为金汞齐，然后把金汞齐按图案或要求涂抹在器物上，再进行烘烤，使汞蒸发掉，这样金就牢固地附着在器物的表面。根据需要可以分几次涂抹金汞齐，以增加鎏金的工艺效果。器物上的鎏金很牢固，不易脱落。鎏金这种工艺在我国有着悠久的历史，可追溯至春秋末期，到了汉代鎏金技术已经发展到了相当高的水平。

由于金具有很强的耐腐蚀性，表面不易氧化，金易与汞结合，形成金汞齐。汞齐对金润湿能力优于许多金属，能够选择性地润湿并向其内部扩散。随着温度的增高，金汞齐中汞的流动性增加，金的溶解度也增加，当汞向金片（粒）中扩散时，首先在金的表面生成$AuHg_2$，而后向金片（粒）深部扩散生成Au_2Hg，直至最终生成Au_2Hg固体。金汞齐是银白色糊状混合物，当金汞齐中金比例小于10%时为液体，达到12.5%为致密的膏体。

一、鎏金工艺的主要操作步骤

（1）鎏金预处理：无论是铜器还是银器，鎏金器物的表面需要锉平、打磨，呈现出镜面的效果，不能有一点锈垢和油污。

（2）制作金汞齐（俗称"杀金"）：用剪刀将金箔剪成金丝，越细越好。剪完后用手将其揉成一团。将金丝团放入坩埚中加热。待金丝烧红后，将汞倒入坩埚，制作金汞齐时，金与汞的重量比通常为1：7。经搅拌金丝很快熔入汞中，汞逐渐变稠，成为银白色的金汞齐，因形似泥状，而被称作为"金泥"。将金泥倒入盛清凉水的搪瓷盆中（或瓷盆中，切记不能倒入铁盆中），金泥凉后，用手摆成堆块，放入干净瓷盆中备用。

（3）涂抹器物表面（俗称"抹金"）：用鎏金棍蘸金泥在器物表面均匀涂抹，再用鬃刷蘸少许硝酸涂在金泥的器物表面上刷，把涂抹在器物表面的金泥刷均匀。用开水把金泥层上的硝酸冲洗干净，再将冲洗后的器物浸泡在盛清凉水的搪瓷盆或木盆中。

（4）烘烤器物：把涂抹金泥的器物放在炭火上烘烤，一边烘烤一边转动器物，随着时间的推移，器物表面开始逐渐发亮，金泥中的水银像出汗一样地渗出表面。用棉花在鎏金层上擦一遍，把可能残存的金泥擦去，使鎏好后的金层平细。继续烘烤，水银不断蒸发，白色金泥层逐渐变成暗黄色，俗称"开金"。

（5）鎏金后处理：开金后的器物表面需要用酸梅水、杏干水等弱酸性水进行清洗，再用铜丝刷子蘸皂角水在鎏金层上轻轻刷洗。经过刷洗后，鎏金层由暗黄色逐渐变成黄色，然后用水冲洗干净。要达到好的鎏金效果，一般的器物均需要鎏金2～3遍，有特殊要求的器物通常要经过5～6遍的鎏金才能达到效果。（见图6-1、图6-2）

图6-1（彩图22）　　　　　　　　图6-2（彩图23）

第二节　錾　刻

錾刻工艺技法早在商代就已出现，到清代，被广泛地运用于各种金属工艺品上。古代錾刻工艺分为抢花、錾花等表面处理工艺。抢花是用手推动錾刻刀，在金属基材表面刻出各种纹饰的工艺。錾花是利用錾子把装饰图案錾刻在金属表面，通过敲打使金属表面呈现凹陷和凸起，表现出各种图案和花纹纹样的工艺。

錾刻工艺大部分是手工操作，操作时，一手拿錾子，一手拿锤子，用錾子在素坯上走形，用锤子打錾子，边走边打，形成各种纹样图案。然后再经过精细加工，使其凹凸分明，错落有致，明暗清晰。在整个錾刻过程中，凸起和凹陷是交替进行的。

錾刻工艺是利用金、银、铜等金属材料的延展性兴起来的錾刻工艺，是我国传统手工艺百花园中的一枝奇葩，它是随玉石器、骨角器等加工技术演化而来。从出土的商周青铜器、金银器上的一些錾刻文、镶嵌和金银错等文物标本可知，这种技术至今已有数千年的发展历史。

錾刻工艺品的造型，主要分为平面的片活和立体的圆活，片活是平装在某些器物上或悬挂起来供人欣赏，圆活则多作为实用器皿使用。完成一件精美的錾刻作品需要十多道工艺程序，操作者除了要有良好的技术外，还要能根据加工对象的需要自己打制出得心应手的錾刻工具，打制工件的金属板材，调制固定工件的专用胶料、配制焊药、摹绘图案。

錾刻的技法錾刻工艺的核心是"錾活"。操作时使用的主要工具是各式各样的成套錾子，这些錾子都是自制的，是用工具钢或弹簧钢打制的，钢料过火后先锤打成长约10厘米、中间粗两头细的枣核形坯子，之后将其前端锤打、错磨出所需要的形状，再经淬火处理，并在油石上反复打磨、调试，使之合用。最常用的錾子有大小不等的勾錾、直口錾、双线錾、发丝錾、半圆錾、方踩錾、半圆踩錾、鱼鳞錾、鱼眼錾、豆粒錾、沙地錾、尖錾、脱錾、抢錾等十多种。另外，还要根据加工对象不同，随手打制一些其他种类的錾子。

鏨刻时，必须将加工对象固定于胶版上，方可进行操作。胶版一般是用松香、大白粉和植物油，按一定比例配制后敷在木板上，使用时将胶烤软，铜银等工件过火后即可贴附其上，冷却后方可进行鏨刻，取下时只需加热便能脱开。

版料的制备，无论是金银还是铜版，传统操作中，都是把碎料装入坩埚，熔化中去除杂质铸为坨锭，而后反复过火，用锤锤打，成为合适的版料。鏨活用的版料薄厚，依作品的大小而确定，最常用的厚度是在0.5～2毫米，过厚的版材使用中往下踩和往上抬都有困难，太薄则容易鏨漏。

图6-3（彩图24）

焊药的配制及使用 铜焊和银焊均属于大焊，焊药有老嫩区别。将银和黄铜放入坩埚熔化，再用钢锉锉成粉状。老焊药以银8铜2比例，嫩焊药以银6铜4的比例掺和，之后放入小铁锅中加水和硼砂熬化而成。在大焊中工件有时需分先后步骤进行，先分段焊合后总体焊接，先焊的部分要用老焊药，熔化的温度要高些，后焊部分则用嫩焊药，可在焊接中避免前面的焊缝开焊。

图6-4（彩图25）

图案纹饰摹绘图案经常是直接用毛笔或铅笔画上去，工作进行较慢，如果在一件作品上重复出现的图案，为了使之整齐划一，可用过纸样的方法来操作。具体做法是先把装饰图案按原大比例画在纸上，而后将纸放在锡坨上，用小刀或"脱鏨"将纹饰以外的空地"脱"去，即做成纸样，看上去如同民间艺术中的剪纸。使用时将纸样蘸水贴在器件上的相应部位，取一支蜡烛点燃，用蜡烛上的黑烟熏在纸样上，待纸样上的水分蒸发后剥落下来，即将纹饰清晰地过到"库坯"上去了。

图6-5（彩图26）

鏨刻的基本技法：

阳鏨：一种凸出事物表面的鏨刻花纹装饰，鏨去的是花纹外的余料。（见图6-3）

阴鏨：一种凹进饰物表面的鏨刻花纹装饰，鏨去的是花纹本身。（见图6-4）

平鏨：在饰物表面的鏨雕，直接鏨去花纹图案的线条。（见图6-5）

镂空鏨：在片或胎型上鏨出花纹后，再顺花纹边缘先鏨刻，脱下底子，留下的就是镂空的花纹图案。（见图6-6）

图6-6（彩图27）

第三节　炸珠工艺

古代金工传统工艺之一，在汉代这种工艺就已经出现，在唐代达到一个鼎盛。此法是将金、白银熔液滴入温水中会形成大小不等的银珠，谓之炸珠。炸珠形成的小珠通常焊接在金、银器物上以作装饰，如联珠纹、鱼子纹等。（见图6-7）

"走球"也称"吹珠"。是把金、银丝截成小段，放于炭灰之上，用火吹烧，使之熔化，结成大小相等的粒珠，再用这些粒珠粘焊成鱼子纹或联珠纹等。

工艺鉴赏：

北京海淀区青龙桥董四墓村明代墓中出土。长24厘米，分别重163克，158克。首部为一凤凰形饰，脚踏浮云，挺胸而立，尾羽硕大向上翻卷，凤头以金叶制成，其余以细如毫发的金丝堆垒而成。纤细秀丽，凤翅及云头镶嵌红蓝宝石，光润艳丽。金簪通体缀满细小的金珠，尤其在冠部可见细小的金珠形态。（见图6-8）

图6-7（彩图28）

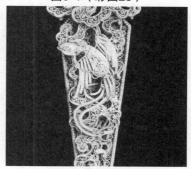

图6-8（彩图29）

第四节　金银错

金银错是金银镶嵌的一种工艺。是把金、银或其他金属锤锻成丝、片，镶嵌在金属器物，构成各种花纹、图像、文字、再用磨石错平磨光。这种纹饰不仅华丽高雅，而且不易脱落，是我国传统的金属表面装饰方法，兴起于春秋时期。（见图6-9）

我们常见的主要是错金工艺，错金工艺是将金丝或金片镶嵌入器物或金属基材表面。在制作时需要先根据要镶嵌的金属纹饰在金属基材的表面刻好槽（燕尾槽或梯形槽），然后将金属片或金属丝焊粘到相应的位置上，再打磨光滑。错金工艺的首饰在色彩上不再单调，并且质感很强。（见图6-10）

错金的工艺过程如下：

（1）制槽：在金属器物表面按花纹、图像、文字铸成或刻出燕尾槽或梯形

图6-9（彩图30）

图6-10（彩图31）

槽，在槽的底面刻凿出麻点，以使嵌入的金属能牢固地附着。

（2）镶嵌：将金丝、金片凿截成所需要的大小和形成，嵌入槽内，捶打压实。

（3）磨错：用盾（即磨石）将嵌入金属磨平，先用椴木炭蘸水磨光，再用皮革绒布蘸草木灰反复揉擦，使表面光滑明亮、自然平整、花纹清晰，达到严丝合缝的地步。

第五节　烧蓝工艺（掐丝珐琅工艺、景泰蓝工艺）

一、概　述

烧蓝工艺又称点蓝工艺、烧银蓝、银珐琅，是以银作胎器，敷以珐琅釉料烧制成的工艺品，尤以蓝色釉料与银色相配最美而得名。由于这种"蓝"只能烧制在银器表面，因此也称为"烧银蓝"。又称掐丝珐琅、景泰蓝等。

烧蓝工艺不是一种独立的工种，而是作为一种辅助的工种以点缀、装饰、增加色彩美而出现在首饰行业中。烧蓝工艺是我国传统的首饰工艺之一，银蓝的色彩具有水彩画的透明感，别有情趣。烧蓝的"蓝"是烧制后形成的类似低温玻璃的块料。

银烧蓝又称银胎珐琅，是以银为胎，用银花丝在胎上掐出花纹，再用透明、半透明的珐琅釉料填于银胎花纹上，经过500℃到600℃左右的低温多次烧制而成，作品绚丽、明快、别具一格。13世纪末，由意大利工匠发明，14世纪法国巴黎出现了多彩的透明珐琅器。迄今发现中国最早的实物是清雍正年间（1723~1735）的银烧蓝五福捧寿八方盒，已有宝蓝、浅蓝、浅绿、红、黄、白等色珐琅，透明性良好、色调爽朗透彻，属于成熟期产品，故其起源应不晚于17世纪末。早期的银烧珐琅工艺品，是由清代内务府，广储司设的"银作"来生产，这些工艺品都是为皇宫贵族服务的，因此在这类作品上我们是很难看到古代工艺大师们的名字。

直到清晚期，民间银铺才开始烧制这种器皿，银胎珐琅的制作，是集冶金、铸造、绘画、焙烧、錾刻、锤揲等多种工艺为一体的复合性工艺，缺一不可，常见的珐琅釉颜色有蓝、绿、红、黄、白5种。

银胎珐琅工艺多用来制作盒、罐、瓶或是小型摆件，制品可以根据需要镶以玛瑙、松石等做装饰。"银"作为贵金属具有贵重和坚固性，而珐琅釉料晶莹、光滑极具装饰性，同时也具有耐磨性和耐腐蚀性。作为宫廷陈设用品，它能为宫殿增添色彩，作为皇家生活用具，更能体现出封建皇帝的尊贵地位。景泰蓝工艺与烧蓝相似，不过由于蓝料的成分不同，景泰蓝最终形成的"蓝"没有烧蓝那种水彩般的透明。

景泰蓝工艺在西方称珐琅工艺。珐琅工艺是一种在金属胎体表面施以不同彩色的釉料烧结后表面会形成一种富有光泽、色彩艳丽的玻璃质，装饰效果强烈。根据胎体制作工艺和施釉方法的不同，可以将珐琅工艺分为不同的种类：如掐丝珐琅、錾胎珐琅、画珐琅、透光珐琅等。

珐琅工艺最早出现在东罗马帝国。工艺技法为元代后期传入我国。珐琅自诞生之日就与首饰装饰有着密不可分的关系。珐琅首饰有两个极具特色的优势：①绚丽多彩的颜色；珐琅首饰的釉质细腻，色调纯正明快，并且色彩相当丰富。②具有水晶般透明质感。珐琅拥有似玻璃的本质，烧制后的珐琅拥有宝石般的独特光泽与透明度。且耐腐蚀、耐磨损、耐高温，坚硬固实，深受首饰设计家们青睐。在明代景泰年间，我国主要是以掐丝珐琅为主。

掐丝珐琅是由珐琅的材料特点的需要形成的。珐琅大面积附于金属表面时没有依附体，因此，运用掐丝工艺做很多小格，用张力和金属的黏结度会牢固。有铜胎银胎。现代发展中有绘画的珐琅釉料，可以直接在金属表面进行珐琅修饰，釉料要求更细可以画。意大利、法国的珐琅技术发展好，古代珐琅工艺由中国传入日本，至今日本珐琅工艺处于世界领先水平。中国的在清代衰微，至今未大步发展起来。

二、类别

1.铜（金、银）胎掐丝珐琅器

这是景泰蓝的主导产品，也称之为金属胎掐丝起线珐琅器。这类制品，由于采用铜丝掐花起线的方法，通常被称作"铜胎掐丝珐琅"。

2.金属錾胎珐琅器

亦称"嵌珐琅"，是将金属雕錾技法运用于珐琅器的制作过程中。錾胎珐琅器的制作工艺，是在已制成的比较厚的铜胎上，依据纹样设计的要求描绘出图案的轮廓线，然后用金属雕錾技法，在图案轮廓线以外的空白处进行雕錾减地，使得纹样轮廓线凸起，再在凹下处施珐琅釉料，进焙烧、磨光、镀金而成。

3.金属锤胎珐琅器

按照图案设计要求，在金、铜等金属胎上锤出凹凸不平的图案花纹之后，再在花纹内点蓝、烘烧、镀金而成。珐琅呈隐起效果，恰似在金碧辉煌的底子上镶嵌了宝石，光彩夺目。

4.铜胎画珐琅器

又称画珐琅，俗称烧瓷。制作工艺是现在铜胎上挂釉（或刷、或涂、或喷），再用釉色绘纹饰，经填彩修饰后入炉烧结，最后镀金而成，烧瓷工艺品一般有两类，一种是在胎体精雕细錾或配上錾雕耳子花活进行配饰，然后彩绘；另一种是在光胎上进行彩绘。前者是高档工艺品，后者为普及品。

5.金属胎露地珐琅器

俗称金地景泰蓝。金属胎珐琅制品，多采用红铜制胎，这是由于红铜入窑经高温后不易变形的缘故。现在流行的金地景泰蓝，均采用红铜胎，掐丝轮廓为双线并行成纹样，或轮廓线相衔接处交代明确清晰，只在轮廓线内点填釉色，其余部位保留原胎型不点填釉色，待焙烧、磨光后，丝纹和原胎型露地处镀上黄金。凡露地凹处镀上金色，凸出点填彩色釉色，效果似浮雕，金色与釉色相映生辉，别具一格。

6.金属胎透明珐琅器

一般称为透明珐琅器，俗称银蓝、烧蓝或烧银蓝。是以银做胎器，敷以珐琅釉料烧制而成的工艺品，尤以蓝色釉料与银色相配最美而得名。烧蓝工艺不是独立的工种，而是作为一种辅助的工种以点缀、装饰增加色彩美而出现在首饰行业中。（见图6-11、图6-12、图6-13）

图6-11（彩图32）

图6-12（彩图33）

图6-13（彩图34）

三、工艺步骤

（1）制器：将银板锤成或制成器胎，胎面上有银丝掐出的各式花纹图案，并焊接成形。

（2）一次清洗：将银胎置于一份硝酸钠溶液中（硝酸钠与水的比例为1∶10）不断翻煮。

（3）烘干并加热：将银胎放入电烤箱内烘干，并加温至700℃，待银胎整体烧成红色后取出。

（4）再次清洗：将烧成红色的胎体放入配比好的稀硫酸溶液（硫酸与水的比例为1∶10）泡或煮3～5遍，直至胎体和纹样焊接处，胎面及花纹上的污垢全部清洗干净。

（5）敷点釉料：在干燥的胎面和纹样上敷点釉料。

（6）烧制：将敷点釉料的胎体放入炉火中烧制成器。

工艺鉴赏

奥地利Frey Wille品牌以其精于美术设计而成为闻名全世界的珐琅饰品制造商（见图6-13）。在产品鸢尾花系列中，他们采用了嫩嫩的粉色代替了原来的蓝色，使得花瓣看起来就像莫奈花园中的花朵般甘香四溢。

第六节　花　丝

花丝是一种用不同粗细的金属丝（金、银、铜）搓制成的各种带花纹的丝，经盘曲、掐花、填丝、堆垒等手段制作出精致的产品，这一制作过程称为花丝工艺。花丝工艺是金银工艺中繁杂缜密、工艺要求严格的一种工艺。

花丝工艺在中国传统中，以金银为原材料。这种工艺多用于制作摆件和首饰，采用制胎、花丝、镶嵌、錾刻、烧蓝、点翠等多种工艺制成。

　　主要产地是北京和四川成都。北京的花丝产品在继承和发扬"宫廷手工艺"的基础上制成，工艺技法复杂，装饰图案多采用象征吉祥和美好的龙凤、祥云、莲、福、寿等传统民族图案，镶嵌各种名贵的宝石，富丽堂皇。四川成都的花丝产品，以银花丝平填技法为主，无胎成形，多采用几何图案，花、鸟、云等传统图案，做工精湛、玲珑剔透、风格清新。花丝镶嵌首饰工艺质量要求：掐丝流畅，真丝均匀平整，金属丝不歪斜，不扭曲。

　　花丝工艺的基本技法：

　　花丝工艺的制作方法通常可以概括为"堆、垒、编、织、掐、填、攒、焊"八个字，其中掐、攒、焊为基本技法。

　　（1）堆——用白芨和炭粉堆起胎体，用火烧成灰烬，而留下镂空的花丝空胎的过程。具体工序包括5个方面：①用炭粉和白芨加水调成泥状，制作胎体；②将各种花丝或素丝，掐成所需纹样；③把掐成的花丝纹样，用白芨粘在胎体上；④根据所粘花纹的疏密，放置焊药；⑤补修，对没有焊牢的花纹，用点焊将花纹接点处焊牢。

　　（2）垒——两层以上的花丝纹样的组合，即称为垒。垒的技法可分为两种：①在实胎上粘花丝纹样图案，然后进行焊接；②在制作过程中单独纹样垒成图案。

　　（3）编——用一股或者多股不同型号的花丝或素丝，按经纬线编成花纹。具体的工序分为以下三个部分：①轧丝；②将所轧丝过火烧软，便于编织；③编丝。

　　（4）织——是单股花丝按经纬原则表现纹样，通过单丝穿插制成很细的纱之类的纹样。

　　（5）掐——用铁制镊子把花丝或素丝掐制成各种花纹。包括膘丝、断丝、掐丝和剪胚4道工序。

　　（6）填——把轧扁的单股花丝或者素丝充填在掐制好的纹样轮廓中。

　　（7）攒——把不同方法做好的单独纹样组装成所需要的比较复杂的纹样，再把这些杂的纹样组装到胎型上。

　　（8）焊——焊接是花丝工艺中最基本的技法，伴随着花丝工艺的每一道工序。

　　花丝工艺制作流程：

　　花丝工艺制作流程，可以包括为以下步骤：产品设计→备料（化料、拉丝、轧片、配焊药、锉焊药）→制作胎型→花丝制作→黑胎成形（攒活、焊活）→清洗→烘干→点蓝（点蓝、烧蓝）→表面处理（镀金、镀保护膜）→组装嵌石→成品检验入库。把金银拉成细丝，再依图用堆、垒、编、织等技法或编成辫骨或网状焊于饰物之上。（见图6-14）

图6-14（彩图35）

　　工艺鉴赏

　　这件首饰把金银拉成细丝，再依图用堆、垒、编、织等技法或编成辫骨或网状焊于饰物之上。另外运用珐琅工艺，点缀首饰

作品。（见图6-15、图6-16）

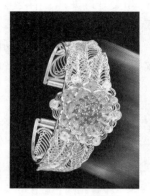
图6-15（彩图36）

图6-16（彩图37）

第七节　锤揲工艺（锤打制胎工艺）

打胎制型和花丝錾刻均为传统细金工艺中的重要制作工艺。花丝和錾刻主要是在器物表面制作纹样，而锤揲工艺主要用来制作器物的形制，是最主要的金银器成形工艺。这种工艺可充分利用了金、银质地比较柔软、延展性强的特点，用锤敲打金、银块，使之延伸展开成片状，再按要求打造成各种器形和纹饰。这一工艺从汉代发明，成熟于唐代，至宋代，获得了更为巧妙的应用。

图6-17（彩图38）

千百年来，器物胎型制作一直沿袭着传统的手工打制成型方法。锤揲工艺所采用的材料多为金、银、铜的板材或片材，制作工具是用不同形状的锤子和砧垫，通过搂、墩、闪、光等工序完成。在制作中先用锤子（铁锤、木槌等）在板材或片材上锤打成胎型。在锤打的过程中先"搂"后"墩"，搂就是用锤子敲打材料成型，墩就是窝出器物所需要的形状。在一块金、银片上不但要锤打出所需要器物的外形，而且在敲打的过程中各部位要薄厚均匀，

图6-18（彩图39）

不能有余料，这就是锤揲工艺的最高境界。一个技术娴熟的制胎工匠可以用一把锤子在一张银片上锤揲出曲线优美、关节平整的各种器物，它的绝妙之处在于，从下料到器物成型，整张银片没有一点浪费，通体无焊药。（见图6-17、图6-18）

手工制胎工艺所使用的工具虽然简单，但制作工艺复杂。在整张银片上以纯手工的方式打制一把壶大约需要两周时间，但是如果采用有模制胎只要1～2天就可以完成。（见图6-19、图6-20）

图6-19（彩图40）

图6-20（彩图41）

20世纪70年代，中国工艺美术大师吴可男在首饰行业中率先采用了雕塑模型方法来制造立体的人物和动物以及器物。这种塑形制胎方法逐步代替了手工敲打的模式，这为规模化生产奠定了基础。

有模制胎的制作需经过塑橡皮泥模型、翻石膏模、库胚、合焊四道工序。

第八节　镶嵌工艺（实镶、蒙镶）

一、实镶

实镶又称镶嵌，具体分为以锉工见长的镶宝石工艺和嵌素金银丝的错金银工艺。实镶工艺的制作形式则是以锉、削为主。在制作中以锉工和嵌宝石为主，如一件镶嵌宝石戒指的制作，应先锉后镶嵌，将所需金银材料锉成精致的托、爪形或石碗后再镶嵌以各种宝石，实镶工艺的加工技法有锉、搂、锤、闷、打、崩、挤、镶。（见图6-21）

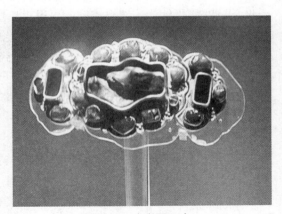
图6-21（彩图42）

二、蒙镶

蒙镶是我国古代劳动人民吸取了蒙、藏、苗、满等少数民族的风格，用金、银、铜、铁、锡、玉石、象牙、竹、骨、木、角等原料，以精湛的技艺制作的富有传统特色的工艺品。传统的蒙镶工艺应用于珠宝首饰、金属器皿以及金属工艺品的加工工艺，距今已有2000多年的历史，其工艺是以金属錾刻和金属焊接为主要技法，它是根据图案的设计要求，利用錾刀、錾板将金属材料打制成浮雕、圆雕、透雕成品，同时通过焊接的工艺将零部件铸成一个整体，并加以镶嵌，镶嵌的宝石主要有绿松石、玛瑙、珊瑚和孔雀石等，而镶嵌的工艺主要以包镶为主。（见图6-22）

图6-22（彩图43）

蒙镶制造工艺在金属工艺品上被广泛使用，宗教艺术的发展，金属加工工艺的逐渐完善以及波斯金属制造工艺和内地金属大致工艺的成熟，都为蒙镶工艺的形成奠定了基础。同时宗教所需要的各种器皿和民间需要的日常金属用品，以及草原民族的习俗，花纹股不錾刻，线点装饰，制品立体感强，錾刻手法粗犷、有力、质朴，促使蒙镶产品形成了浑厚古朴、大方、简洁的风格。

蒙镶工艺包括以下工艺步骤：

①设计：设计师根据要求设计出产品的造型。

②铸模与库活：根据工艺要求制作产品的胎体，先用库模的方式，将锡块铸在阴阳模具上，然后将金属加工片加在阴阳模具之间，用大锤敲打出凹凸的近似体，把金属片库压成主要形体，再按照设计的要求焊接成形。

③錾刻：用松香、植物油、高岭土（俗称白土子），按照一定比例熬成溶胶，灌入金属形体，再粘贴金属片，等溶胶冷凝后，再在金属表面进行细致錾刻。根据不同的用途，使用不同形状的錾刀。根据图案设计的要求，利用錾刻的各种技法，錾刻成形。然后将金属件加热软化，倒出溶胶。再退火后层层细錾，直至图案立体清晰为止。

④焊接：将錾刻图案花纹的部件，焊接成器。

⑤打磨与抛光：将成器的工件，放入稀硝酸中清洗除垢，再入白矾水中冲洗，然后打磨并抛光。

⑥镶嵌：用于蒙镶的宝石，色彩一般都非常艳丽，大多数都使用包镶工艺，这样镶嵌的宝石一般不易掉下来，所镶宝石大多数都为素面宝石。

蒙镶工艺是传统首饰及工艺品制作的重要工艺之一，在工艺技巧、工艺材料、工艺流程、工艺理念等方面已形成了比较独立成熟的工艺，从加工方法的多样性、复杂性，工艺的适应性上，蒙镶有其自身的独特之处，作为一种独特的金属加工工艺，具有重要的历史价值和文化价值。

工艺欣赏：清代御制铜鎏金花丝嵌百宝人物故事挂屏（见图6-23）

这件铜鎏金花丝镶嵌百宝人物故事挂屏，似乎表现

图6-23（彩图44）

的是佛传故事，也可能取材莲花生大师的生平故事，风格上带有浓郁的蒙藏喇嘛教装饰风格，但工艺精湛程度则远远超出蒙镶工艺作品，应该是清内府造办处的作品，此屏的花丝、镶嵌宝石、鎏金工艺均属上乘，镶嵌工艺以包镶为主，通体嵌满了松石、玛瑙、水晶、碧玺、孔雀石等宝石，人物部分使用了象牙和珊瑚。这件挂屏整体风格浑厚朴实、古朴大方、繁缛精致、富丽多姿，处处显示出华贵之气。

复习参考题

1.详细写出鎏金的过程。
2.了解烧蓝工艺的制作过程。
3.请自己设计一款花丝图案的首饰。
4.请分析一下传统镶嵌工艺和现代镶嵌工艺有何异同。
5. 请结合各种传统工艺，试分析各种工艺结合创新。

小结

传统首饰加工工艺是在几千年的人们创造发明后，一步步传承和发展起来的，它采用锤打、錾刻、抬挑、编织、锯磨、焊接等手工工艺完成各种工艺品的制作。是我国首饰行业不可或缺的重要组成部分。

第七章　现代首饰加工与金属表面处理工艺

第一节　电　镀

依靠金属本身往往不能满足首饰表面的装饰性、耐久性等方面的需求，通过处理技术才能达到首饰的更高效果。首饰表面处理技术种类较多，其中，电镀是应用最广泛的一种。

电镀是利用电化学方法在镀件表面沉积形成金属和合金镀层的工艺方法。首饰行业中常见的表面装饰镀种有镀纯金、镀银、镀铑。有时需要采用镀镍或镀铜作为底镀层。电镀的种类很多，颜色丰富。既有各种单色电镀如黑色、浅蓝、紫色、橙红、粉红、黄金、橙黄等，也有多种颜色的套色电镀。常用的有电镀金、电镀银或花镀（将几种金属材料根据需要镀在金属表面）。

电镀工艺可以节省成本，能够增加金属表面的抗氧化能力，改变饰品的色泽和亮度（镀液中含有光亮剂）还可以为设计服务增加艺术效果。但是电镀首饰的镀层容易脱落，不利于长期的保存，而且容易在局部氧化。因此，电镀的工艺质量很重要。电镀金饰品成色印记为KGP或KP。

电镀技术原理：

电镀过程是镀液中的金属离子在外电场的作用下，经电极反应还原成金属原子，并在阴极上进行金属沉积的过程。以下将简单介绍几种不同的金属电镀：

电镀金及其合金，金具有漂亮的黄色，既有极高的化学稳定性，不被盐酸、硫酸、硝酸、氢氟酸或碱腐蚀。在首饰行业中应用广泛。

1.氰化物镀金

氰化物镀金原理：氰化物镀金液中主盐是氰化金钾$KAu(CN)_2^-$，在溶液中，含氰络离子$Au(CN)_2^-$在阴极上放电，生成金镀层。

2.低氰或微氰镀金

微氰镀金液中除氰化金钾外，不含有其他氰化物。pH值6~7。微氰镀金液按pH值可分为中型镀金液和酸性镀金液。

3.无氰镀金

无氰镀金的镀液种类有亚硫酸、硫代硫酸盐、卤化物、硫代柠檬酸等镀液，但研究最多并应用广泛的是以$Au(SO_3)_2^{3-}$为络阴离子的亚硫酸盐镀液。

亚硫酸盐镀液特点是：对环境好，镀液有良好的分散能力和覆盖能力，镀层有良好的整平性和延展性，可达镜面光泽，镀层纯度高；沉寂速度快，孔隙少；镀层与镍、铜、银等金属的结合力好。但是亚硫酸盐镀液稳定性差，容易发生金的析出而恶化镀层

质量，甚至使整缸镀液报废。（见图7-1、图7-2）

4. 电镀金合金

在镀金液中加入不同的合金元素，可以产生不同的色调金合金。如加入镍可得略带白色的金黄色。加入Cu、Cd可得玫瑰金色；加入Ag可得到淡绿色的金镀层。控制好镀液中合金元素的浓度和工作条件，几乎可以得到所需的各种色调的金镀层。

常见的电镀金合金有：Au-Co，Au-Ni，Au-Ag，Au-…Cu，Au-Cu-Cd等，多以氰化镀液为主。其中Au-Ag（16K），Au-Cu-Cd（18K）应用较多。

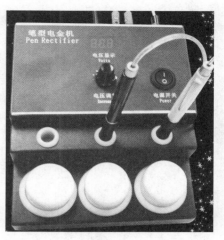

图7-1

5.镀银

氰化物镀银层结晶细致，镀液分散能力好，镀银稳定性好，便于维护和操作。氰化物剧毒，不利于环保和工作人员的健康。

6.镀铑

铑是铂金族金属，外观呈银白色，有光泽，反光性能好，对可见光的反射在80%以上，对抗蚀性能非常好，在大气中不受硫化物及二氧化碳等腐蚀气体作用，对酸、碱均有较高的稳定性。铑镀层的硬度极高，耐磨性能很好。装饰性镀铑层，白色中略带青蓝色调，光泽亮丽、耐磨、硬度高，是最高档的装饰镀层。

图7-2（彩图45）

铑镀层厚度一般为0.05~0.25μm，0.5μm以上为厚度层。镀铑溶液有硫酸盐，磷酸盐或氨基磺酸盐等，以硫酸盐型应用最多。其镀液易维护，电流效率高。沉积速度快，适用于首饰表面处理。

首饰电镀的基本质量要求

（1）镀层与基体材料结合牢固、附着力好。

（2）镀层光亮完整。结晶细致紧密，孔隙率小，能有效地阻挡外界的腐蚀。

（3）具有符合相关标准规定的镀层厚度，而且镀层分布要均匀。

第二节　电　铸

电铸工艺是一种电沉积成型技术，也是首饰加工制作行业中引进的一项新的工艺技术，20世纪60年代起源于美国，电铸工艺通过电解作用将金、银、铜等金属合金沉积到模型表面，随后形成模型，而形成具有体积的空心薄壁首饰产品。

它弥补了失蜡铸造不能生产出壁很薄的铸件的缺点，也解决了机械冲压不能制造体积大及细部轮廓清晰的首饰产品的缺陷，与失蜡铸造相比，具有很薄的金属层。在同样的体积下，大大地减轻了产品的重量，从而有效地降低了产品的成本，提高首饰产品的竞争力。利用这种技术，还可以制造出特殊的流行弯曲系列首饰，以及表面无痕迹的各种新型款式的首饰。

典型的电铸工艺过程，主要由雕模、复模、注蜡模、执蜡模、涂油、电铸、执省、除蜡、打磨等相互交叉的生产工序组成。（见图7-3、图7-4）。

图7-3（彩图46）

图7-4（彩图47）

第三节　蚀刻工艺

蚀刻工艺也叫酸蚀工艺。就是把贵金属溶于酸中，产生一定的纹理，这项工艺在我国出现较早。对蚀刻技术的运用已经达到相当熟练的效果，并能灵活制作出花纹的效果。现代蚀刻工艺广泛开始运用于首饰表面处理效果中（见图7-5）。

蚀刻工艺产生的机理效果自然，随机。可以根据设计的不同进行花纹浮雕的造型。为保证对蚀刻技术的熟练掌握需严格操作，不同的金属对酸腐蚀的程度表现不同，出现的纹理深浅程度也有所不同，因此应当对不同的金属进行详细的调查研究和实验。为保证蚀刻产生不同的浮雕效果，可以通过在金属表面图7-5按照设计的不同涂抹防腐蚀剂，未涂有防腐蚀剂的部位将受酸的腐蚀，达到纹理效果。

图7-5（彩图48）

第四节　喷砂工艺

喷砂是利用喷砂机在高压气体的作用下用石英砂在饰品表面形成亚光效果的一种工艺，使金属表面出现粗糙的砂感或雾面感。此种表面处理工艺在素金类首饰的设计中应用得比较广泛，利用喷砂工艺处理表面效果的首饰具有很强的朦胧的艺术感。喷砂的方法分为两种，分别是干喷和水喷。（见图7-6）

图7-6（彩图49）

第五节　车花工艺

车花是近代发展起来的种属錾刻工艺的工艺技术。是用利用不同花样道口的金刚石铣刀，在金属表面上车刻出各种纹饰和肌理效果的工艺，是在高速旋转时在首饰表面铣出的闪亮的条痕并组成各种花纹的一种首饰机械加工工艺。这种工艺常用于K金等硬度较高的饰品上。（见图7-7、7-8）

图7-7（彩图50）

图7-8（彩图51）

第六节　拉丝光工艺

拉丝是采用拉丝的细钢丝往复运动，在工件表面来回摩擦使工件表面产生具有丝绢光泽的一种方法，是在金属表面做出致密的、有规律的丝状感觉，表面的纹理呈直线状。这种亚光效果在一个首饰上和抛光的镜面效果相对应，使得首饰更加美观。（见图7-9、图7-10、图7-11）

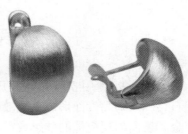

图7-9（彩图52）　　　　　图7-10（彩图53）　　　　　图7-11（彩图54）

第七节　滴胶工艺

滴胶工艺最早是借鉴传统工艺中珐琅彩工艺演变过来的。但是填入的材料由釉料烧结变为环氧树脂固化，这种工艺不受到高温烧结对材料本身和所镶嵌的宝石影响，在银饰和金饰中大量运用。

滴胶工艺采用的环氧树脂水晶滴胶由高纯度环氧树脂、固化剂及其他物质组成。其固化产物具有耐水、耐化学腐蚀、晶莹剔透之特点。采用环氧树脂水晶滴胶除了对工艺制品表面取到良好的保护作用外，还可增加其表面光泽与亮度，进一步增加表面装饰效果。（见图7-12、图7-13、图7-14）

图7-12（彩图55）　　　　　图7-13（彩图56）　　　　　图7-14（彩图57）

第八节　冲压工艺

首饰的冲压，适用于某些结构复杂但外形比较对称或没有曲面相交盲区的款式。模冲自然离不开模具，所以模具的设计十分重要，需要考虑贵金属板材的塑性、拉伸压缩极限以及模具组合和工作方式等因素。此外，模具本身的材质、制作和热处理等需要较高的技术知识和技巧以及较高的制造条件（如数控机床等）。

首饰模具大多是采用冷冲压成形技术，用铂金、黄金、K金、纯银等金属以及其他常用首饰金属材料进行产品的生产。和其他模具生产一样，要历经产品的零件造型、冲压工艺分析、模具结构设计、工艺设计、模具制造、装配、试模等一系列开发过程。由于首饰零件的千差万别，因而首饰模具的特点是单件小批量生产。

冲压是靠压力机的冲头把厚度较小的板带顶入凹模中，冲压成需要的形状。用这种方法可以生产有底薄壁的空心制品，冲压是利用压力机和模具对金属板材、带材、管材和型材等施加外力，使之产生塑性变性或分离，清晰地复制出模具的表面形状，从而获得所需形状和尺寸的工作（冲压件）的成形加工方法。与传统的失蜡（熔模）铸造首饰工艺相比，冲压可在短时间内大

图7-15（彩图58）

图7-16（彩图59）

量、经济地反复生产同种产品，而且产品的表面光洁，质量稳定，大大减少了后续工序的工作量，提高了生产效率，降低了生产成本。因此，冲压工艺在首饰制作行业受到了越来越多的重视，其应用也越来越广泛。（见图7-15、图7-16）

冲压首饰件有以下几个特点：

（1）与失蜡（熔模）铸造首饰件相比，冲压件具有薄、匀、轻、强的特点，利用冲压的方法可以大大减少工件的壁厚，从而减轻首饰件的重量，提高经济效益。

（2）利用机械冲压方式生产的首饰件孔洞少，表面质量好，提高了首饰产品的质量和成品率，降低了废品率。

（3）批量生产时，冲压工艺生产效率高，劳动条件好，生产成本低。

（4）模具精密度高时，冲压首饰件的精度高，且重复性好、规格一致，大大减少了修整、打磨、抛光的工作量。

（5）冲压工艺可以实现较高的机械化、自动化程度。

复习思考题

1.现代首饰加工的种类有哪些？

2.电镀在首饰加工过程中有何意义？

3.电铸首饰的优点有哪些？

小结

现在首饰加工工艺都是结合传统工艺的基础上发展起来的，采用机器制造为主的加工工艺，它能较大地提高加工效率，使成品的重复制作的精准性更好。

第八章　首饰制作工具

第一节　起版类工具

1. 工作台（见图8-1）

用于各种首饰的加工载物台，面板为一块较厚的实木，通常有两个抽屉，下层抽屉有一个夹层，使用时拉开抽屉接住锉、磨下来的贵金属粉末，便于回收。

图8-1

2. 火吹套装（见图8-2、图8-3、图8-4）

由火枪、油壶、油管、风球组成。用汽油作为燃料，汽化后燃烧，用于熔化金属。其火焰温度为1200℃，只能熔化金、银，不能熔化铂金。

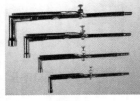

图8-2

821A　821B

图8-3

图8-4

3. 尖嘴钳、圆嘴钳、平头钳、剪钳（见图8-5、图8-6、图8-7、图8-8）

用于手工起版和镶石。

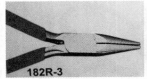

182R-3

图8-5

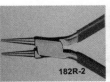

182R-2

图8-6

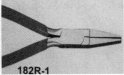

182R-1

图8-7

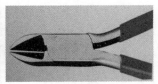

图8-8

4. 各种手工锉、精密锉（见图8-9、图8-10）

用于手工起版、镶石、执模时候，对物件进行锉磨整形。

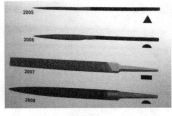

2005　2006　2007　2008

图8-9

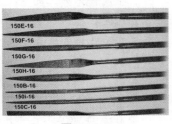

150E-16　150F-16　150G-16　150H-16　150B-16　150i-16　150C-16

图8-10

5. 砂纸（见图8-11）

用于执模时消除物件毛刺、氧化膜、锉刀痕等多余金属。

6. 吊机（见图8-12）

手工起版的打孔、执模，抛光时的扫缝、镶石的车磨、飞边。

7. 坑铁（见图8-13）

用于金属条料及戒指的捶打整形。

图8-11

图8-12

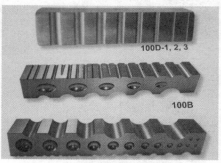

图8-13

8. 窝座（见图8-14）

用于空心圆珠和弧形面的制作。

9. 锯弓（见图8-15）

锯断各种线、片、棒、条材。

10. 剪刀（见图8-16）

裁剪各种线、片材。

11. 锤子（见图8-17）

敲打、整形各种物件。

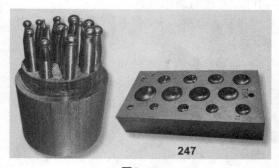

图8-14

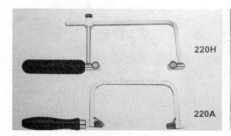

图8-15

图8-16

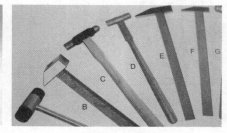

图8-17

12. 拉丝板（见图8-18）

把较粗的线材通过硬质合金的锥形口拉拔变细。

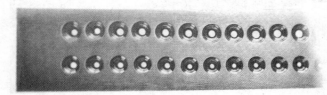

图8-18

13. 焊夹（见图8-19）

固定被焊接物件的金属夹子，利用自身金属弹力夹住物件。

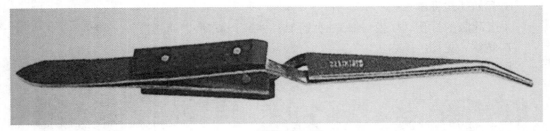

图8-19

14. 焊瓦（见图8-20）

为耐火材料制成，用于焊接时的载物台使用。

15. 印模泥（见图8-21）

用于手工起版时固定组合配件中较小物件，或作为制作石膏模时的水口碗。

16. 油夹、油槽（见图8-22、图8-23）

浇铸金属成为棒材和板材。

17. 吊机配件（见图8-24、图8-25）

手工起版、雕蜡、执模、抛光时用于带动高速切削、抛磨工具。

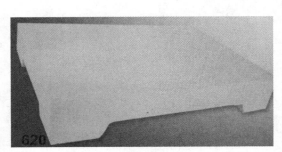

图8-20

图8-21

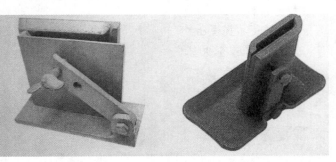

图8-22

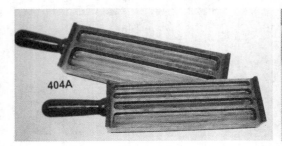

图8-23

图8-24

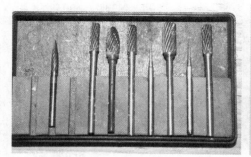

图8-25

图8-26

图8-27

18. 空压气泵（见图8-26）

用于熔料、加压注蜡辅助设备。

19. 水氧焊机、熔焊机（见图8-27、图8-28）

利用电解水后产生氢气和氧气混合燃烧产生高温火焰，来熔化铂金一类的高温金属。

20. 压片机（手工、电动）（见图8-29、图8-30）

利用滚轴将条料和片料冷轧变小和变薄。

图8-28

图8-29

图8-30

第二节　镶石类工具

一、机器设备

（1）微镶机（见图8-31）

（2）活动万能雕刻镶石座（见图8-32）

（3）戒指夹（见图8-33）

（4）批士（见图8-34）

LB-ST-01 十字架微镶机

图8-31

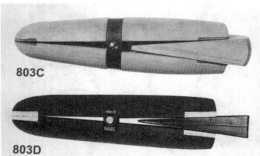

图8-32　　　　　　　　图8-33　　　　　　　　图8-34

二、耗材

1.各类工具针（见图8-35）
2.手工雕刻刀（见图8-36）

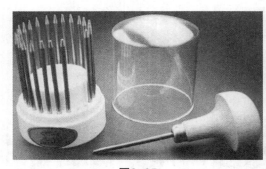

图8-35　　　　　　　　　图8-36

第三节　抛光类工具

一、机器设备

1.打磨机（见图8-37）
利用高速旋转的砂轮打磨金属表面，获得较平整表面。
2.拍飞碟机（见图8-38）
利用压实后的毛毡盘来打磨首饰上的棱角和较大平面。
3.吸尘抛光机（见图8-39）
下部带有吸尘装置，可以将抛光灰吸

图8-37　　　　　图8-38

收储存起来，大部分的抛光工序都在本机器上完成。

　　4.磁力抛光机（见图8-40）

　　利用底部的旋转磁铁带动筒里的研磨钢针旋转，而首饰不受到磁铁吸引而不旋转，此时受到较多钢针的碰撞而使表面光滑平整。

　　5.滚动抛光机（见图8-41）

　　利用小钢珠在滚筒类做圆周运动，不断碰撞首饰金属表面，使其光亮。

1044A-1　　　　　1044A-2

图8-39　　　　　图8-40　　　　　　　　　　图8-41

二、耗材类

　　1.有柄打磨轮、扫（见图8-42、图8-43）

　　整体抛光前对物件细微之处进行抛光，配合吊机使用。

　　2.各款抛光布轮（见图8-44、图8-45）

　　对物件大面进行抛光，第一遍抛光用黄布轮，第二遍抛光和第三遍上光用白布轮。

图8-42

  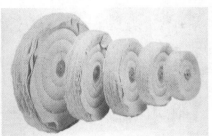

图8-43　　　　　图8-44　　　　　图8-45

3.无柄毛扫、毛轮（见图8-46、图8-47）

整体抛光前对较大物件细微之处进行抛光，配合吸尘抛光机使用。

4.木心毛刷、绒球轮（见图8-48、图8-49）

用途同上。

5.有柄、无柄胶轮（见图8-50、图8-51）

配合吊机使用，去除物件上的氧化膜、细小锉刀痕、抛磨痕。

6.戒指绒棒（见图8-52）

配合吸尘抛光机使用，对戒指内圈进行抛光。

7.夹针、砂纸棒（见图8-53）

抛光前对物件上较大的锉刀痕、氧化膜进行一个清除，通常执模用砂纸有400号、800号、1200号三种规格。

图8-46   图8-47   图8-48

图8-49   图8-50

图8-51   图8-52   图8-53

8.绒饼、绒碟（见图8-54、图8-55）

配合拍飞碟机使用，来抛光首饰上的棱角和较大平面。

9.各款抛光蜡

白蜡：主要为氧化镁抛光蜡，用于硬度较低的金属材料，如：银。或者是K金的细抛和精抛。（见图8-56）

红蜡：主要为氧化铁抛光蜡，用于硬度适中的金属材料，如：K金和925银。（见图8-57）

绿蜡：主要为氧化铬抛光蜡，用于硬度较高的金属材料，如铂、钯。或K金的第一道粗抛。（见图8-58）

橙色蜡（黄色）：主要为硅藻土抛光蜡，用于所有首饰金属电镀前的上光抛光处理。（见图8-59）

10.除蜡水（见图8-60）

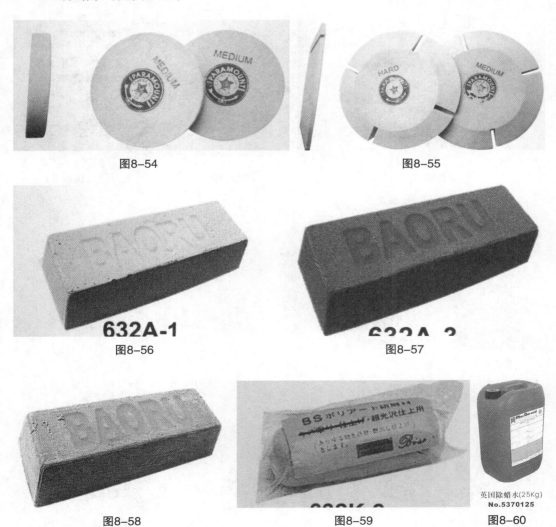

图8-54　　　　　　　　　　　　　　　图8-55

632A-1

图8-56　　　　　　　　　　　　　　　图8-57

图8-58　　　　　　　　　图8-59

英国除蜡水(25Kg)
No.5370125

图8-60

第四节　铸造类工具

一、机器设备

（1）抽真空机、铸模机（见图8-61、图8-62）

（2）熔金炉、搅粉机（见图8-63、图8-64）

熔金炉由电炉丝加热，最高设定温度1300℃。

（3）注蜡机、压膜机（见图8-65、图8-66）

（4）高温电炉（见图8-67）

（5）焊蜡机（见图8-68）

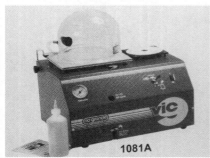

图8-61

图8-62

图8-63

图8-64

图8-65

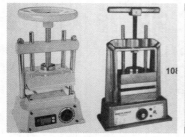

图8-66

图8-67

图8-68

二、各种耗材

（1）脱模灵、水口珠（见图8-69、图8-70）
（2）割模胶片、刀柄（见图8-71、图8-72）
（3）铸模杯、石墨垫圈（见图8-73、图8-74）
（4）蜡片、蜡珠、蜡管（见图8-75、图8-76、图8-77）
（5）压膜胶片、石膏粉（见图8-78、图8-79）

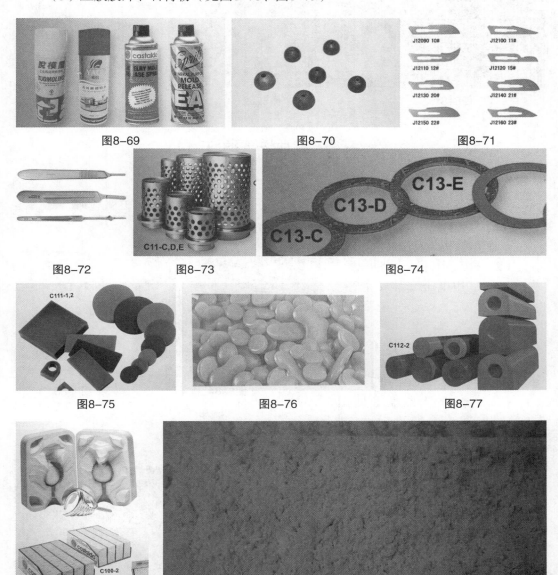

图8-69　　　　图8-70　　　　图8-71

图8-72　　　　图8-73　　　　图8-74

图8-75　　　　图8-76　　　　图8-77

图8-78　　　　图8-79

（6）割蜡尺、雕蜡刀（见图8-80、图8-81）

（7）刚玉坩埚、石墨坩埚（见图8-82、图8-83）

图8-80

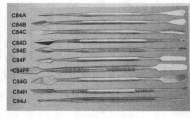

图8-81

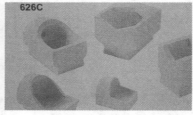

图8-82

图8-83

第五节　电镀类工具

一、电镀设备

（1）电镀机（见图8-84）

（2）磁力搅拌机（见图8-85）

（3）笔用电金套装（见图8-86）

二、电镀耗材类工具

（1）电镀液（见图8-87）

（2）电解清洗盐（见图8-88）

图8-84

图8-85

图8-86

图8-87

图8-88

（3）指甲油（见图8-89）

（4）水线（见图8-90）

（5）钛网（见图8-91）

（6）滤纸（见图8-92）

图8-89　　　　　　图8-90　　　　　　　　图8-91　　　　　　　图8-92

第六节　表面处理类工具

一、机器设备

（1）车花机（见图8-93）

利用车花刀高速旋转，在金属表面车磨出槽痕。

（2）喷砂机（见图8-94）

二、耗材类

拉砂针（见图8-95）

图8-93　　　　　图8-94　　　　　　　　　　图8-95

第七节　其他加工工具及耗材

一、工具类

1.激光镭射点焊机

激光经过扩束，反射，聚焦后对物体进行焊接。适合各种金属材料的点焊，缝焊，补焊等焊接。（见图8-96）

2.首饰碰焊机

机器通过等离子高频放电，在金属焊口处瞬间熔化，金属并焊接。（见图8-97）

3.激光打标机

激光通过激光二极管倍频变为高功率激光束，再通过计算机控制高整扫描偏振镜偏转改变激光束光路实现自动打标。（见图8-98）

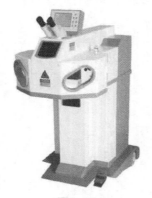
图8-96

图8-97

图8-98

二、耗材类

AB胶：为双组分透明环氧树脂系胶结剂，有速干型和强化型两种，用于粘接各种宝石材料。（见图8-99）

其他：棉布、棉线、酒精、汽油、香蕉水、石膏、硼砂、明矾等等。

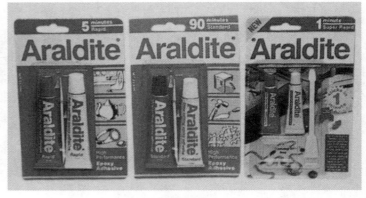
图8-99

复习思考题

1. 根据自己的需要，制定出一份起版工具表。
2. 分列出首饰加工中的大型设备有哪些。
3. 调查市场上有些什么最新的加工设备。

小结

加工工具是制作过程中不可缺少的重要部分，配备齐全的工具才能加工出各种精美的首饰。

第九章　首饰设计与制模

在现在珠宝首饰加工企业中，主要采用了一些现代设施设备，并结合中国古代传统工艺（失蜡法铸造）进行首饰生产。其具体的过程是：设计—起版—压制胶模—压（开）胶模—注蜡（模）—修整蜡模（焊蜡模）—种蜡树（称重）—灌石膏筒—石膏抽真空—石膏自然凝固—烘焙石膏—熔金，浇铸—炸洗石膏—冲洗，酸洗，清洗—剪毛坯—执模—镶嵌—抛光—电镀。

第一节　设　计

在珠宝这类奢侈品世界，虽然都是用贵金属和宝石做文章，各国却有着不同的梦想——不同国家拥有各异的人文特点，由此也就产生了迥异的珠宝设计理念，有的风格张扬，有的神采内敛。而正是因为这些差异，才让珠宝的世界更加异彩纷呈。（见图9-1、图9-2、图9-3、图9-4）

珠宝首饰业作为一种创意产业，不仅要在款式设计上和生产工艺上赋予创意，更应在产品的整体风格和系列产品的推广理念上，向推陈出新的方向发展，从而开拓更加广阔的消费市场，这便是珠宝独特的创新理念。

图9-1

图9-2

图9-3

图9-4

第二节　电脑设计

电脑首饰设计（Computer Aided Jewelry Design）即用电脑进行辅助的首饰设计，传统的设计方式是用铅笔将自己的创意表现在图纸上绘图，这样绘出来的是二维平面的图，其优点是迅速、方便，但缺少真实的三维立体感。现在设计师可以利用电脑设计出任意造型的首饰，电脑首饰设计的起点通常是一幅首饰草图或者一个创意，草图不需要很精致，只要自己能看懂即可，再利用电脑代替铅笔，将草图或者创意用电脑表现出来。还可以用快速成型设备将电脑设计出来的作品直接加工成一个蜡模或者树脂模，然后再制成一件成品首饰，电脑首饰设计的流程如图所示。

电脑首饰设计的流程（见图9-5、图9-6、图9-7）。

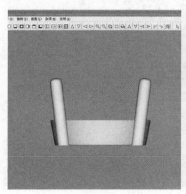  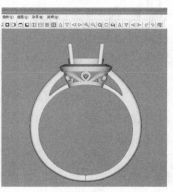

图9-5　　　　　　　　　　图9-6　　　　　　　　　　图9-7

1.电脑首饰设计的优点

既表现在其设计性上，又表现在其工艺性上。就设计来说，由于电脑设计可以获得直观的三维效果，设计师可以随时用三维效果图来检验自己的创意是否能达到自己满意的效果，同时电脑可以反复撤销或者重复操作。因此，若对当前的造型不满意，可撤销操作进行修改，直到得到满意的造型的为止，这一点是传统的手绘设计所无法比拟的。作为商业首饰来说，不可能每一件都是单独的一个款式，大多数都是某个款式的变款，设计师也可以将自己设计好的作品存放到电脑的数据库中，通过不同造型元素、镶口的重新搭配组合，即可获得新的款式，大大加快了产品的开发流程。

就工艺来说，电脑设计的优势主要体现在以下几个方面：

（1）精确性

虽然有经验的起版师傅可以尽可能的制作出与设计尺寸大小一致的原模，其精确程度却远远比不上电脑。（见图9-8）为一款密钉镶戒指，如果

图9-8

由手工来银版或者蜡版的话，即使是高水平的起版师傅，也要耗费大量的时间，而且也难以保证戒指两边是对称的，同时也很难保证所有钉的尺寸大小是一致的。而电脑设计则不需要这么麻烦，只需要做好一个钉，然后对这个钉进行不断的复制即可，设计完毕后可用快速成型设备制作出首饰的原模，免去手工起版的麻烦。特别是在槽镶，隐藏式镶嵌工艺中，宝石一般很小，且宝石之间的尺寸也有严格控制，有的只有在放大镜下才可以看见宝石之间的界限，这就更需要严格控制好尺寸大小。

（2）高度对称性

对称是首饰造型的常见表现手法之一，在电脑首饰设计中，对称的实现只需要通过一次对称复制操作即可完成。（见图9-9）为一对耳钉，耳钉一般是镜像对称的，如果是手工起版来做这样的耳钉，很难做到两只耳钉完全的镜像对称，在电脑设计用只需设计好其中的一只耳钉，另外的一只可由前面的一只耳钉对称复制过来，即可达到两只耳钉完全呈镜像对称的效果。

（3）快捷性

电脑设计的作品可直接利用快速成型机加工出首饰的原版，可以是蜡版或者树脂版，常见的快速成型设备有美国solidscape公司的MM2、T66、

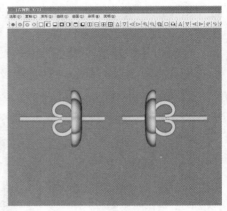

图9-9

T76、T612喷蜡机，德国envision TEC快速成型系统，日本名工等。快速成型设备制作出的原版精度高，光洁度好，特别是在微镶、密钉镶、槽镶以及对称性要求高的工艺中，快速成型更能体现出它的独特优势，代替了以往的手工雕版，大大节省了时间和成本。

（4）经济性

利用电脑设计出来的首饰，可以赋予其不同的宝石和金属的材质，达到与真实产品一致的三维效果图，也可以在CAD软件中计算用金的重量、测量宝石的大小，再加上产品的工本费，从而可以对产品的成本进行预算。在产品开发的前期，企业无须先制作出产品的实物，可用三维效果图进行产品的宣传推广。

2.CAD软件的选择

电脑首饰设计的优点是很明显的，然而要选择一款适合自己的软件，却不是一件容易的事，在介绍CAD软件之前，有必要先了解CAD软件的建模方式。

现有的CAD软件的建模的方式主要是实体建模和曲面建模，实体建模所建造的三维模型是真实的三维物体，它是以基本的立方体，圆柱体，球体等基本体素为单位元素，通过这些元素的集合运算获得需要的几何形体。曲面建模是通过构建物体的表面形态，来获得需要的几何形态。

由于每种CAD软件的建模方式不同，决定了每一种CAD软件都有其自身的适用范围，一般来说，构建造型简单的首饰模型，用实体建模软件中的旋转/拉伸/路径等命令就可以迅速构建，如果要构建造型复杂的首饰模型，例如一些植物的花饰、动物等，实体建模软件使用起来则不太方便，这时候就需要使用曲面建模软件，相对实体建模软件

而言，曲面建模软件使用起来要复杂一些。

常见的首饰专用CAD软件有Jewelcad，Rhino（需搭配Techgems插件），Matrix，3Design等。（见图9-10、图9-11、图9-12、图9-13）

（1）Jewelcad

Jewelcad是目前国内使用最多的一款首饰CAD/CAM一体化软件，它是一款实体建模软件，操作比较简单，容易起来比较学习，功能也比较强大，Jewelcad还具有十分丰富的资料库，包含超过600个配件，镶口，形状各异的整套的设计，资料库扩展性强，可任由设计师添加自己的素材资料库。（见图9-14、图9-15）Jewelcad可输出大部

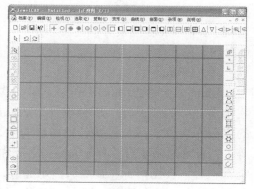

图9-10

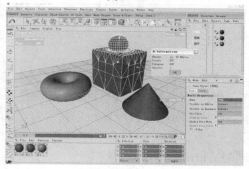

图9-11

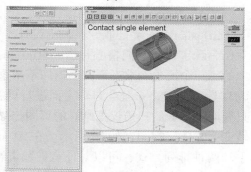

图9-12

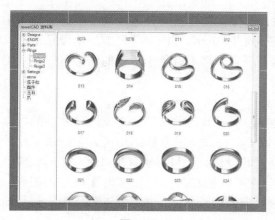

图9-14

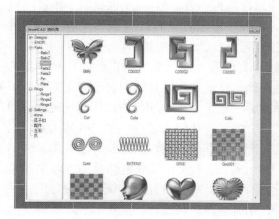

图9-15

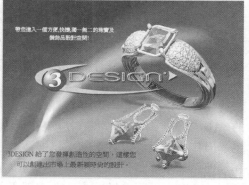

图9-13

分快速成型机可接受的切片式SLC及STL文件格式，广泛应用于CNC机器和各种快速成型机。Jewelcad在渲染方面显得不足，不过作为一款直接面向生产的软件来说，渲染功能是次要的。

（2）Rhino

Rhino的全称为Rhinoceros，它是一款优秀的曲面建模软件，广泛应用于工业设计、建筑设计、船舶设计、机械设计。Techgems是Rhino的一款珠宝设计插件，Techgems的宝石库十分丰富，包括各种形状的宝石，宝石的材质又分为有机宝石（珍珠，珊瑚等），各种透明宝石（有分为高折射率和低折射率的宝石），包括了常见的红蓝宝、蓝宝石、碧玺、托帕石、紫晶、白水晶等，Rhino中的金属材质包括黄金（各种不同的颜色，玫瑰色，黄色等）、铂金、银等，每种金属又分为抛光的金属效果和磨砂的金属效果等。在三维效果方面，Rhino搭配了flamingo渲染器，可以渲染出及其逼真的三维效果图。

（3）Matrix

Matrix是在Rhino的基础上开发出的首饰CAD软件，它继承了Rhino的优良建模特性，同时又针对首饰设计的特点集成了许多相关的命令，它的开发思路完全是人性化的，利用Matrix，设计师可以按照自己的设计思路去构建首饰模型，几乎不需要为了构建一个模型而去学习特定建模方法，因而使得利用Matrix建模变得更加简单而且迅速，同时Matrix也具有强大的渲染能力，在三维表现方面毫不逊色于专业的渲染器。在欧美地区，Matrix是使用十分广泛的一款CAD软件。

（4）3Design

3Design由珠宝行业专业人士设计，它结合了图形艺术软件及工业设计软件的特点专门为珠宝设计者们精心打造，3Design提供了一种独特的参数结构树，它记录了设计中的每一个历史参数，不需要返回草图重新开始设计，而只需要直接修改草图形状或修改3D造型参数，系统会自动全面进行更新。它可以把2D的草图转变为真实的3D图形，只要通过一般的扫描仪把画好的草图扫描成普通的图片格式，传入3DESIGN中，将自动转变为立体三视图，如图8所示。在3Design里面可以轻松的排列宝石，它提供了自动和手动两种排列方式，可以对任意一颗宝石的属性进行修改。3Design也提供了丰富的资源库，包括各类戒指、宝石、戒托、珍珠、水晶及形态各异的2D截面形状等等，并且整合了SWAROVSKI所有的时尚水晶部件。您也可以自己设计的作品存入资源库中。

一件设计作品，不但要求其有造型精致、有创意，而且要求做设计的作品在工艺上是能够实现的，即能够制作出实际的成品首饰，这就要求设计师同时也对工艺有所了解，电脑首饰设计将设计与工艺紧紧地联系在了一起，由于电脑首饰设计的直观性，即方便了设计师对自己的设计结果进行检验，也方便了设计师与客户、工艺师的沟通。未来的设计必定是与生产联系在一起的，为缩短产品的开发周期以及控制开发成本，首饰的CAD/CAM一体化趋势显得越来越明显，对个设计师来说，掌握电脑首饰也越来越重要。但传统的手绘设计仍然不可能被电脑设计所取代，电脑设计是传统手绘设计的拓展和延伸，如果能将传统的手绘设计与电脑设计结合起来，将设计、生产、成本预算、推广等结合在，不仅能够减少企业内部不同职能部门的沟通障碍，更重要的是它能为一个企业带来实质性的效益。

第三节　手工起版与电脑起版

首饰起版，是首饰生产的第一个工序，主要是为客户直接提供样版改款和依据设计图稿直接起版，版部起版方式主要有三种：

（1）手工制银版

手做版主要用于流线型较强的花边，花草等物件，厚度要求较薄及部分雕蜡制作困难的，如需线筒制作，镶扣，改版及部件等。（见图9-16）

（2）手工蜡版—倒银版

先手工雕蜡，然后倒银执版。目前雕蜡的款式主要为一些形体复杂电脑起版效果不够生动、形象的款，如丝带，花草，层叠面多的款。（见图9-17）

（3）电脑制图—出蜡版—倒银版

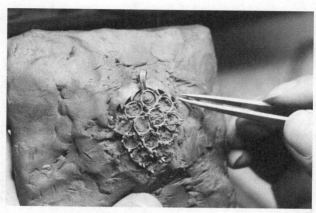

图9-16

先电脑制图，转MMII出蜡版，然后倒银执版。目前80%的款采用此种方式，

制作的蜡版尺寸准确，对称，起版时主要依据起版工单要求起版。首先应先检查图稿及版单要求是否清楚，个尺寸要求是否可以达成，石的大小资料与单要求是否符合，如有疑问，应请主管或师傅确定后再开始制作。（见图9-18）

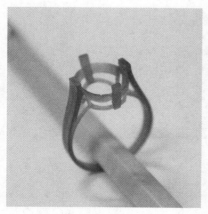

图9-17

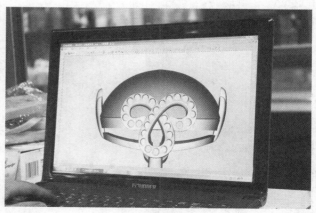

图9-18

第四节　压胶模与开胶模

压模是利用生橡胶片包裹银版，经热压取出银版在胶模腔内留下与银版大小相同的版位。

压模所用的主要工具有：压模框、压模钉、手术刀、镊子、剪刀、索嘴、钢针、油性笔等。

一、压制胶模

压制胶模注意事项及过程（见图9-19、图9-20、图9-21、图9-22）：

（1）压模框和生胶片要清洁，不要用手直接接触生胶片的表面。

（2）保证原版和橡胶之间不会粘连，应优先使用银版，铜版应先镀银。

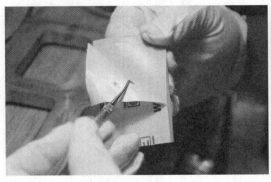

图9-19　　　　　　　　　　　　　　　图9-20

图9-21　　　　　　　　　　　　　　　图9-22

（3）确定适当的硫化温度和时间，与胶模的厚度，长宽及原版的复杂程度有关。通常将压模温度定为175℃左右，如果胶模厚度在3层（约10mm），一般硫化时间为35~40分钟，如果是4层（约13mm），则硫化时间可为40~45分钟。依次类推（每增加一层增加5分钟）。同时硫化温度与原版的复杂程度也有关系，如原版复杂，细小，应降低硫化温度，延长硫化时间。

（4）压模时要保证原版和生胶片之间没有缝隙。采用塞、缠、补的方式将首版上的空隙位、凹位和镶石位等填满，用碎小的胶粒填满，用尖锐物质（如镊子）压牢。

（5）先行预热。硫化时间到了以后迅速取出胶模，压好的胶模要求整体不变形、光滑、水线不歪斜，最好使其自然冷却到不烫手时，就可以趁热用锋利的手术刀进行开胶模的操作。

二、开胶模

开胶模要求技术很高，因为开胶模的好坏直接影响到蜡模以及金属毛坯的质量。开胶模的工具比较简单有手术刀、镊子、剪刀、尖嘴钳等。胶模通常采用四脚定位法，也就是说，开出的胶模有四个脚互相吻合固定，四脚之间的部分有采用直线切割的，也有采用曲线切割的。开好的胶模要注意检查，胶模内不能有任何缺陷如明显得破花、缺角、粘连等，这些都有可能造成蜡模的缺陷。因此对这些缺陷部位应进行修补，如切开未切的位置，用焊蜡器焊补破花、缺角的地方等。

一般的开模顺序如下：

（1）压过的胶模冷却至不烫手时，用尖嘴钳取下水口块，拉去焦壳。（见图9-23）

（2）将胶模水口朝上直立，从水口的一侧下刀，沿胶模的四边中心线四六开位置切割，有阳定位角的占四成，有阴定位角的占六成，深度为3~5mm（可根据胶模大小适当调整），切开胶模四边。（见图9-24）

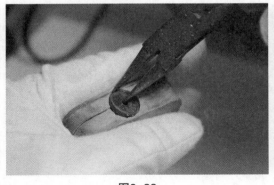
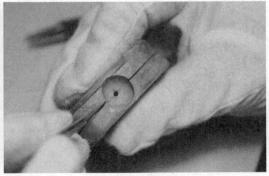

图9-23　　　　　　　　　　　　图9-24

（3）从第一次下刀处切割第一脚，首先割开两个直边，深度为3~5mm（可根据胶模大小适当调整），再用力拉开已切开的直边，沿45°切开一个斜边，形成一个直角三

角形开头的脚，这时切口的胶模两半部分应该有对应的阴，阳三角形脚相互吻合。（图9-25）

（4）按照上一步的操作过程，依次切割出其余三个脚。

（5）拉开第一次切开的脚，用刀片平衡地沿中线向内切割（如果是曲线切割法则应按照一定的曲线摆动刀片，划出鱼鳞状或波浪形的切面）一边切割一边向外拉开胶模，快到达水口线时要小心，用刀尖轻轻挑开胶模，露出水口，再沿戒指外圈的一个端面切开戒指圈，直至戒指花头和镶口处。（见图9-26）

图9-25　　　　　　　　　　　图9-26

（6）花头的切割，这是开胶模中比较困难和复杂的步骤，如果主石镶口是爪镶，切割花头就应该沿花头一侧两个爪的轴线切开，然后向花头另一侧的戒指外圈端面切割，直至切割到水口位置。这时胶模已经被切成两半了，但还是不能将银版取下。

（7）切割留有镶口、花头的胶模部分。在主石两侧与副石镶口间隔处，沿主石镶口外侧已切开的两个爪轴线切割，直至对称的另两个爪露出：再沿主石镶口外侧的剩余一个方向切割，与刚才切割的面相反，使主石镶口呈直立状。再在主石镶口及副石镶口的爪根部横切一刀，使花头成为两部分。拉开已切开的部分，注意观察有无被拉长的胶丝（通常是副石镶口的孔和花头的镂空部分形成的），若有则应该切断。（见图9-27）

图9-27

（8）取下银版，注意观察银版与胶模之间有无胶丝粘连，若有粘连，必须切断。

（9）开底

沿戒指内圈深切整个圆周切口以及镶口、花头部分切口的痕迹（因未切割透，剩余的橡胶拉伸形成略凹的浅痕）。沿这些痕迹切割至对应水口的位置，在沿水口平等的方向切割8～12mm宽度的长条，长度接近水口。这时的底部形成一个类似蘑菇的形状，已

经能够将戒指内侧部分从切开的底部拉出了。这样的胶模在注蜡后，才能顺利地将蜡模取出。（见图9-28）

三、胶模的使用与保存

使用胶模时不要用力拉扯，以防止用力拉扯之后胶模变形，注蜡后蜡模变形。使用时工作环境应当保持清洁，避免灰尘吸附在胶模上，在后期的注蜡过程中附着在蜡模表面，影响蜡模质量。如果胶模里

图9-28

面附着污物较多，可以用洗涤剂温水洗涤，用软毛牙刷轻轻刷洗，洗净后清水漂洗，放置通风处阴干或冷风吹干，切不可用电吹风吹干，这样会加速胶模的老化。

胶模的保存环境应为低温，阴暗，还要避免油类、酸性物质的影响。如果使用的不是很频繁，胶模可以使用10年的时间。但如果使用频繁，一般使用两年就不使用了。一般胶模的使用寿命在2~3年之间。

第五节　出蜡模及种蜡树

一、注　蜡

将熔化的蜡在高压下注入到中空的胶模中，得到一个与银版一样的蜡模。

二、工　具

（1）真空注蜡机
（2）空气压缩机
用于向注蜡机施加压力。
（3）真空泵
将注蜡机内抽成真空，防止气泡进入蜡模。
真空泵不是必需的，只有在蜡模含有较多细小的花饰、花纹的情况下才使用。

三、注蜡操作

（1）一般采取自动注蜡的方式。
（2）设定注蜡时间，调整好压力。（见图9-29）
（3）在胶模内喷上适量的脱模剂。（见图9-30）

图9-29   图9-30

（4）将胶模对准注蜡嘴，脚踏开关开始注蜡。（见图9-31）

四、温度、压力对蜡模的影响

温度与压力应根据蜡模的款式和大小而定。

（1）气压太低：蜡液流动性降低，导致蜡液注不满胶模，出现蜡模残缺不全，特别是小的爪、花饰会断裂。（见图9-32）

（2）温度、气压太高：蜡模流动性增强造成蜡液从胶模接缝中流出，产生毛边。（见图9-33）

图9-31   图9-32   图9-33

五、修　蜡

（1）对蜡模的缺陷进行修整，可能的缺陷有毛边、花饰不清晰、细孔不通等。

（2）将蜡模的水口修剪整齐。修蜡就是修理蜡模表面，改手寸等。修补蜡模上的砂洞，气泡、缺损、并使蜡模表面平滑、顺畅。

　　修蜡用到的主要工具有：手术刀、电烙铁、刮蜡刀、手寸棒等。

　　修蜡的主要步骤：

　　（1）用电烙铁将蜡配件组合，用电烙铁沾蜡将蜡样表面的砂洞，气泡，和缺损处修复。（见图9–34）

　　（2）用手术刀或刮刀将蜡披锋，蜡屑等削除，并将表面刮平滑。（见图9–35）

　　（3）蜡模上有空隙，不通透处应用电烙铁穿孔。

　　（4）部分戒指要求改手寸，改手寸主要是通过增加或者减少指圈大小的方法实现。

图9–34

　　（5）将蜡样套入相应之手寸棍，将戒指底部中部切开，如手寸加大，将戒指套入要求的手寸位置，戒臂断开处用电烙铁补蜡，然后用手术刀修平滑。如为手寸减少，将戒指套入合适的手寸位置，将多余的戒圈切掉，用电烙铁焊接，手术刀将圈型进行修理，使之与戒身形态相符合。（见图9–36）

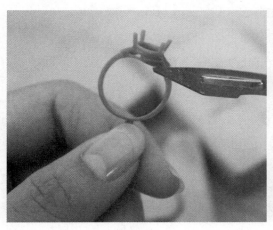

图9–35

图9–36

　　（6）修理时手握的力度不能太大，以免蜡模变形。修改手寸时，需注意接合处应光滑平顺，与原戒指圈的厚度，形状，花纹图案等应修理和原戒身相搭配符合。

六、种蜡树

　　将分散的蜡模有序地焊接在一起，组合成树的形状。

　　工具：可调温度电烙铁（焊蜡机）

　　蜡树要求：

　　（1）水口连接在铸件最厚的位置。

（2）水口长度不超过20mm，不短于7mm。（见图9-37）

（3）铸件与蜡芯呈45度角。（见图9-38）

（4）水口的理想形态应该是喇叭形，方便金属的流动。（见图9-39）

（5）同一蜡树上最好只焊接大小相同的蜡模。

（6）不同体积的蜡模连接在一起时，小型的铸件应放置在树顶。

（7）蜡芯的大小应根据蜡模的大小来匹配，较多、较大的铸件，蜡芯就粗一些，较少、较小的铸件，蜡芯就相应的细一些。

图9-37　　　　　　　　　图9-38　　　　　　　　　图9-39

第六节　制作石膏模

一、灌制石膏模

利用石膏浆将蜡树包裹，石膏浆凝固后再利用高温使蜡熔化后流出，形成一个空腔来进行浇注。

工具：钢套筒、搅拌机、抽真空机。称蜡树和底座的重量，记录好数据，以备后期加适量的金属。

蜡与各个金属之间的比值：

蜡：足金=1：19.5　　　　蜡：18K金=1：16　　　　蜡：9K金=1：12.5

蜡：银=1：11　　　　　　蜡：铂金=1：22

（1）利用报纸、透明胶等将钢筒外面包住、堵住钢筒上的小孔，包裹时应高于钢筒2～3cm。

（2）将钢筒套在连接有胶底座的蜡树上。

（3）配制石膏浆。通常1kg石膏粉用400～500ml水。将水和石膏粉混合搅拌成稀粥状。为了提高石膏模的强度，在1kg石膏粉中加入6g明矾和3g氯化钠，这样可以有效防止石膏在高温脱蜡后开裂或酥松。

实际生产中一般中等大小的钢筒用1.5kg石膏粉，先加入少量的水将石膏粉调成稀粥状，再逐步地加水到合适的比例。（见图9-40、图9-41、图9-42、图9-43）

（4）利用搅拌机将石膏浆搅拌均匀，搅拌时间2~3分钟。

（5）抽真空：将石膏浆内的空气抽取干净，防止石膏模产生空洞，在浇铸时形成小金属珠附着在表面。

（6）将石膏浆倒入钢筒中，石膏浆应把蜡树全部埋没，并超出至少2cm。

（7）将钢筒进行抽真空，排出钢筒内的空气，时间1~2分钟。

图9-40　　　　　　　　图9-41

二、焙烧石膏模（脱蜡）

图9-42　　　　　　　　图9-43

待石膏凝固后（单个戒指小模凝固2小时，大钢筒凝固5个小时），利用高温的作用使石膏模中的蜡模熔化、挥发、气化掉，形成中空的石膏模。

设备：电烤炉、蒸锅

分为三个阶段：

1.蒸蜡（见图9-44）

先利用水蒸气脱出较多的蜡。将石膏模水口朝下倒置于蒸锅内，使蜡在90℃~100℃下融化流出，大模大约蒸蜡一个半小时，可以基本脱出大部分的蜡，待看到水口基本没有流出蜡时停止蒸蜡。这样可以回收一部分蜡，从而降低生产成本。

2. 干燥焙烧（见图9-45）

将石膏模倒置放入烤箱中，

图9-44　　　　　　　　图9-45

设定温度为110℃，恒温一个半小时。

目的：将石膏模中的水分烤出，以避免后期焙烧时水蒸气受热膨胀石膏模开裂。

3.焙烧脱蜡

干燥焙烧后，继续升温以便焙烧脱蜡。（见图9-46）

升温至350℃，恒温一个半小时，此时剩余的蜡变为灰色的烟冒出。

升温至550℃，恒温2个小时，此时石膏模中的蜡碳化燃烧，石膏整体发黑。（见图9-47）

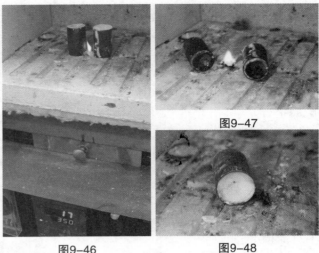

图9-47

图9-46

图9-48

升温至750℃，恒温1个小时，此时石膏模整体烧得通红，石膏上的炭化物质都被燃烧，水口发白。（见图9-48）

断电降温至650℃时，准备取出浇铸。

复习思考题

1.传统首饰设计和现代首饰设计有何不同？

2.采用电脑设计制作首饰有什么优势？

3.制作胶模的技术要点有哪些？

4.蜡模容易出现的缺陷有哪些，请给出解决方案

5.石膏模制作的技术要求有哪些？

小结

现代首饰设计由传统的手绘设计向电脑设计转变，由原来的手工制版变为电脑制版，提高首饰的精准度和效率，对于新款式的开发可以大大节约制作周期，并降低研发费用。

制出来的版如果要进行大批量的复制，就要对样版进行翻模制作，先制作出胶模来，就能成批的翻制出同款蜡模，之后再运用失蜡法铸造就可以制作出石膏模，为下一步工序做准备。

第十章　铸造与执模

第一节　首饰铸造工艺

一、配金

市面上并无倒模用的9K、18K、22K金，或者925银出售。市面上出售的黄金一般为99.9%的纯金。纯金和纯银都因为硬度太软而不适合爪镶首饰制造。在足金中添加其他金属成分可以改变其硬度、颜色、加工特性。

1.配金要求

（1）严格按照国标含量要求和配方中金、银、铜等各金属的比例配料，否则达不到所需要的颜色、成分。

（2）配金一定要用纯金来配制，至少也要纯度为999‰的金。

（3）含量为百分之零点零几的杂质也会导致浇铸失败。例如，微量的砷或1%的铅会导致铸件十分脆弱，受力即断。

（4）熔料的坩埚要分开，不要不同材料和不同含量的坩埚混用，不然配出来的金合金有杂质或含量不达标。

（5）配金采用"足金"＋"补口"的形式，将两者按照不同的分量进行混合熔化得到所需要的合金。

2.如何确定足金和补口的重量

例如：

（1）配置30克18K金

75%"足金"+15%"补口"=30克18K金

30克×75%=22.5克"足金"，剩余的7.5克为"补口"重量。

（2）配置50克925银

92.5%"足银"+7.5%"补口"=50克925银

50克×92.5%=46.25克"足银"，剩余的3.75克为"补口"重量。

3.足金的获得

（1）去深圳相关珠宝公司购买，例如百泰、粤豪。

（2）过境到香港购买，价格较便宜，但国家对个人携带黄金入境有相关法律条款，购买入境前应该办理有关手续。

（3）各大银行（工商银行、建设银行、兴业银行等）

4."补口"的获得

"补口"是按照比例配置好的配金辅助材料。

"补口"有白色、黄色、红色等各种不同颜色。

不同颜色的"补口"可以配出不同颜色、成分的K金。

"补口"中除必需的成分外，还含有其他微量元素，如Ni、Si。

贺利氏是著名的"补口"生产厂家。

在各首饰器材商店均有销售。

二、熔 金

熔金方法：

（1）火枪熔金；

（2）熔金电炉熔金；

（3）中、高频炉熔金。

1.火枪熔金

（1）燃料

①乙炔+氧气

②汽油+空气

③电解水后产生氧气和氢气。

（2）要点

①需根据经验调节火焰的温度，初学者不好掌握。

②熔金要迅速、防止补口中的易挥发成分挥发（例如：锌、锡等）浇铸后容易有砂眼和气孔。注意：金属熔化后不得向熔液内添加冷的金属块，否则会导致爆炸。氧气与乙炔分开放置，通过胶皮管连接到火枪上，在熔料过程中，听到火枪发出各种异响时，及时关闭氧气和乙炔（先关闭乙炔，再关闭氧气），防止回火，造成安全事故。

2.熔金电炉熔金

最高温度1300℃左右，只能熔炼一般K金、银、铜。设定好温度直接升温熔金。设定的温度要比K金的熔点高80～100℃左右，以抵消浇铸时取出坩埚时和浇铸过程中的降温。

三、浇 铸

将熔化的金属倒入石膏模。

1.要点

（1）金属熔化后要立即浇铸。

（2）石膏模的温度必须与金属熔液的温度相适应。

2.类型

（1）离心式浇铸；

（2）手动真空吸铸；

（3）全自动浇铸；

（4）手工压铸。

3. 真空浇铸机操作

（1）将石膏模从烤炉中取出放置在倒模机上。打开开关抽真空。

（2）将坩埚从熔金炉中取出。（见图10-1）

（3）将熔化好的金属倒入倒模机，继续抽真空2～3分钟。（见图10-2）

（4）金属凝固后取出石膏模。（见图10-3）

4.浇铸质量缺陷成因分析

（1）砂孔：气体性砂孔、杂质砂孔。

（2）毛边：与石膏模制作质量或者铸粉有关。

（3）有色斑点：银吸收氧气后在凝固时释放出来，氧气与铜发生反应。

（4）断裂：在补口中，添加Si元素用来增加合金的流动性、除去氧分，Si元素过多时凝固时分离出来结晶在一起铸件造成断裂。

图10-1　　　　　　图10-2

图10-3

图10-4

图10-5

四、炸洗石膏

将高温的石膏模放入冷水中炸洗，使石膏模炸裂，从而取出首饰铸件。（见图10-4、图10-5）

注意：

（1）浇铸10分钟后待金属要完全凝固才能炸洗石膏，否则将导致金属断裂、变脆。

（2）炸洗石膏太迟使得石膏粉难以脱落。

（3）炸洗石膏前要先收集倒模口处零碎的贵金属。

（4）蜡镶工艺不能炸洗石膏，否则会导致宝石遇冷破碎。

五、冲洗及化学处理

（1）利用高压水枪冲洗铸件表面的石膏粉。

（2）利用氢氟酸浸泡铸件，去除残留的石膏和表面氧化物。

（3）蜡镶铸件用盐酸浸泡，不可用氢氟酸，会腐蚀宝石。

六、剪金树

浇铸出来的铸件呈树状聚集在一起，称之为金树。

将金属铸件从金属上剪下，尽量不要使水口棍留在铸件上，以方便后续执模，并能降低锉磨损耗。（见图10-6）

七、磁力研磨

采用磁力抛光的方式，将铸件表面初步打磨光滑，去除粗糙的地方和小毛刺。

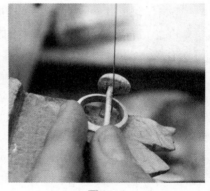

图10-6

八、送收发室

将首饰铸件送到收发室进行盘点、称重，将不合格的铸件返回重新制作。

第二节　首饰执模工艺

一、执模的定义

执模是对首饰铸件及焊接件进行修整，使其达到造型优美、表面平整的工艺。最终目的是要是首饰恢复到起版时的造型。任何一件首饰都要手工进行执模，这是机械所不能替代的。通常首饰厂的执模工人数量达到总人数的50%。

二、执模的重要性

（1）首饰铸件上存在浇铸位（水口位）。

（2）浇铸出来的首饰铸件或多或少都会存在较少缺陷，例如变形、砂眼、毛边等。

（3）对不能一起浇铸成型的首饰铸件进行组合焊接，例如镶口、手链部件、吊坠等，需要修整焊缝和焊点。

（4）经过退火处理和焊接后的首饰，其表面附着一层氧化膜，除去氧化膜抛光时才能光洁如镜。

三、执模所需工具

吊机：主要功能是配合各种锉刀和砂纸、牙针对首饰进行打磨，打孔等操作。

焊具：一般用来焊接首饰分离的不同部件，例如手链、吊坠等，也常用来修补首饰表面的砂眼。

锉刀：用来对首饰表面的毛刺、凹凸不平的地方进行修整。

砂纸：用来对锉削过的各个地方进行精磨。

锯弓：主要用来将首饰上的浇铸口（水口）锯掉，更改戒圈大小等。

四、执模流程

1.戒圈整形

去水口就是将倒模时连接在产品上的水口部分清除干净。

操作步骤：

（1）观察确定水口位置。

（2）用剪钳（或锯弓）贴着工件沿着其弧度，食指挡住水口，将其剪下。注意不可以剪到工件，或者预留太多，执挫时不方便。（见图10-7）

（3）用卜锉将水口残留的水口锉除，并将该部位沿着工件弧度锉顺滑。

（4）要注意，水口位置在剪钳不好剪的位置，可用锯弓将其切下。锯条安装时，锯齿向下，不要太紧或太松，否则工作过程中容易

图10-7

出现断条的情况，在锯的过程中，适当在锯条上抹点蜡，可以更顺滑的锯，使用时，锯弓手柄用手握住，手持柄在上方，垂直行锯。（见图10-8）

2.修锉

去除物件上的毛边、焊点和凹凸不平的地方、修锉水口。修锉顺序：内圈→外圈→侧面→镶口→镶爪→镶口夹层。不能破坏首饰的整体造型。不要修锉过度，避免工件表面因为过度锉削使表面不平整，同时减少贵金属材料的损耗。（见图10-9、图10-10、图10-11、图10-12、图10-13）

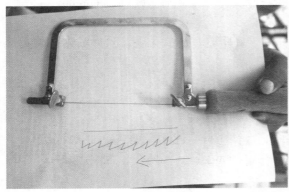

图10-8

图10-9

图10-10

图10-11

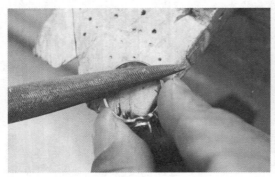

图10-12

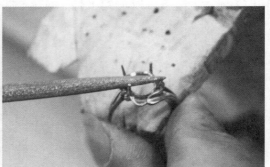

图10-13

3.修补砂眼

有些砂眼位于表面，直接可以发现，而有些砂眼位于首饰内部，修锉后才显露出来，如果不修锉，等后来镶嵌之后抛光才发现砂眼，此时又必须重新修补砂眼，这样，既浪费了时间又浪费了材料和耗材。

对于较少、较浅、较小，表面的砂眼，可以用打砂棒轻轻打过，经过打砂棒打过的小砂眼，基本都打平整了，如果去除不了的砂眼就必须配制焊药进行熔焊修补，或用镭射激光机点焊。

4.打磨

目的：去除修锉后的痕迹，使表面光洁。

工具：砂纸棒、飞碟砂纸、尖砂纸、金刚砂针、细牙针、砂胶飞碟（棒）等工具使用：砂纸打磨弧面，锉刀砂纸（砂纸板）打磨平面，牙针、金刚石针刮扫夹缝处。（见图10-14、图10-15、图10-16、图10-17）

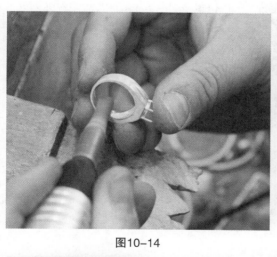

图10-14

图10-15

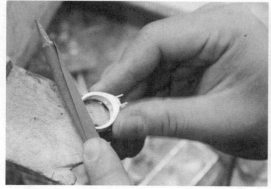

图10-16

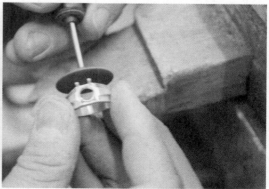

图10-17

五、执模工艺评价

（1）表面平整、光滑，无锉痕。

（2）无砂眼、毛边、裂纹等浇铸缺陷。

（3）焊接牢靠，无虚焊、漏焊。

（4）打磨到位，无死角。

（5）戒指：戒指圈圆度好、镶爪齐全。

（6）耳钉：左右对称，大小一致，耳被有弹性。

（7）手链（项链）：链接灵活、链扣松紧适宜，佩戴不脱落。

复习思考题

1.首饰铸造时，熔金温度为什么要控制好，不能过高或过低？

2.为什么铸造首饰表面会有微小裂纹、砂眼，如何避免？

3.请写出执模的工艺要求

小结：

首饰铸造采用的方法是由传统的失蜡法铸造演变而来的，现在采用的是吸铸和离心浇铸。采用失蜡法铸造，复制性强，可以浇铸出各种细小的物件，是首饰铸造的首选。

一件浇铸出来的首饰由于表面粗糙不能直接抛光，必须通过锉磨、修整、砂磨等几道工序使铸件表面达到平整，为下步抛光做前期准备。一件首饰执模要求有：无砂眼、无锉刀痕、无氧化膜、表面平滑。

第十一章　首饰的镶嵌加工

一、较石位

就是通过配石提供的石头与工单所要求规格进行核对，检查是否适合镶。

较石位主要工具：游标卡尺、吊机、磨打头、索咀、球针、牙针、钻针、雕刻刀、平铲（大、小）、滑锉（大、中、小）、竹叶锉、电烙铁、AA夹、三角锉、划线规、毛刷等。

较石位操作步骤：

（1）核对工单对配石进行称重和数粒数，并对较大的配石检查是否有崩、花、烂等现象，看是否与工单要求相符，如有不符应及时处理。镶石位要求尺寸准确，镶口收底上阔下窄。

收底镶口要求以产品外形、石规格要求而定，镶石后，石不可下落或松石。

（2）将需要比位的石水平落入工件对应镶口位，石位置应平稳，不可歪斜。

（3）迫镶、无边镶、包镶的镶石位均比石直径小或等大，不可太大。

（4）迫镶：镶口位比石位小0.2mm左右。如蜡镶可石与镶口同大，在镶石后用蜡补镶口。

（5）无边镶：镶口位比石位小0.2mm左右。

（6）包镶：镶口位比石位小0.2mm左右。蜡镶款石与镶口可以同样大小，在镶石后用蜡补镶口。

（7）爪镶：爪镶较位相对比较灵活，一般镶口位比石位大0.2mm左右，镶口可比石略小，但不能超过一个爪的直径。

目前，随着我国首饰业的发展。也随之带来了一些问题，突出之一就是镶嵌工艺类型的名称的问题。在不同地方、厂家对镶嵌工艺的名称叫法各有不同。例如：槽镶又称轨道镶、迫镶、逼镶，不利于首饰镶嵌工艺的相互交流与进一步发展。因此，有必要对首饰镶嵌工艺类型名称进行统一合理划分。

二、镶嵌工艺的种类

根据工艺特点的不同，可将镶嵌工艺划分为如下类型：

1.爪镶

制作较长的金属爪（或柱），利用金属的变形应力紧紧扣住宝石的镶嵌方式。根据爪的多少分类：两爪镶、三爪镶、四爪镶、六爪镶等。（见图11-1、图11-2、图11-3、图11-4）

图11-1

图11-2

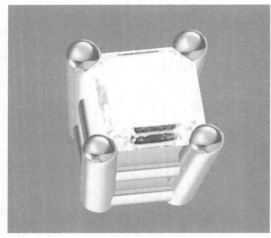

图11-3

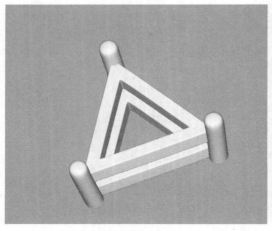

图11-4

根据爪的形态分类：圆爪、扁平爪、尖爪、双尖爪、花式爪。（见图11-5、图11-6、图11-7、图11-8、图11-9）

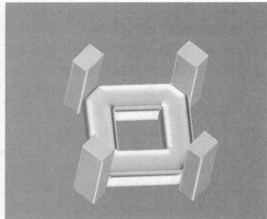

图11-5

图11-6

图11-7

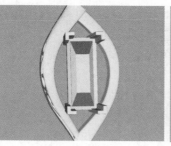
图11-9

图11-9

根据爪所能抓住的石头多少可进一步分为公共爪、一般爪。（见图11-10、图11-11、图11-12、图11-13）

结构：石碗＋镶齿

（1）传统的齿镶

也称为"爪镶"，用金属齿嵌紧宝石的方法，是将金属齿向宝石方向弯下，"抓紧"宝石的镶嵌方法。

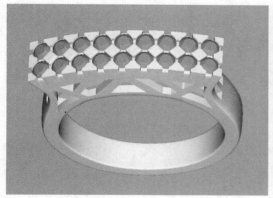
图11-10

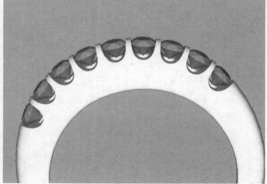
图11-11

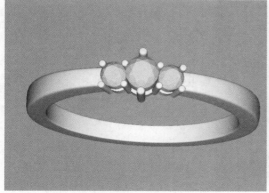
图11-12

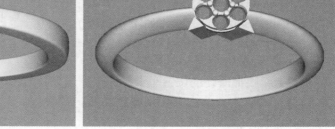
图11-13

主要用于：弧面形、方形、梯形、随意形宝玉石的镶嵌。

（2）直齿镶

为现代齿镶，是在镶齿内侧车一个卡位，将宝石卡住的方法。特点：镶齿不发生弯曲，顶视只见齿尖。

主要用于：圆钻形、椭圆形等刻面形宝石的镶嵌。

（3）石碗齿镶、V形齿镶（以齿代碗）

特点：突出宝石，充分裸露宝石，让光线较多地透入宝石，增加宝石的火彩。

适合：透明宝石镶嵌，如钻石、红宝石、蓝宝石、碧玺、海蓝宝石、祖母绿等。

齿镶款式：小巧玲珑、秀雅典致、活泼而富有朝气，是青春与活力的象征，适合于年轻女性佩戴。

（4）爪镶的分类

根据齿的数量，可分为：二齿镶、三齿镶、四齿镶、多齿镶，常见是四齿镶；也可根据镶齿形状，分为：圆齿镶、方齿镶等。

（5）爪镶工艺流程

①检查镶口的大小与石头的大小是否吻合，爪是否完整。（见图11-14）

②用钳子将爪钳直，使爪稍向外张开，方便放下宝石。（见图11-15）

③将宝石平整的放入石碗，观察宝石腰部所在的位置。（见图11-16）

图11-14

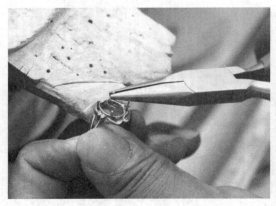

图11-15

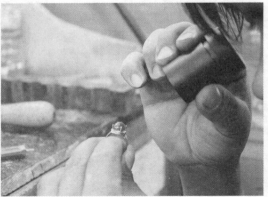

图11-16

④在宝石腰部所在的位置车卡位。（见图11-17）

⑤将石头放入石碗，并用平嘴钳将爪向内夹拢，利用爪的应力抓住石头。用斜口钳将多余的爪剪掉，并用锉刀将爪头修平滑。最后用吸珠将爪头吸成一个圆形。（见图11-18）

图11-17

图11-18

（6）爪镶工艺评价

①宝石镶嵌应平稳，牢靠。宝石镶嵌不平通常是由于各个爪的卡位高度不一致造成的。

②爪的大小应该和宝石的大小成比例，爪太大破坏整体的美观，爪太小了抓不牢宝石。爪的大小、形态应该相同，且呈对称的分布在宝石周围。

③爪的表面应光滑，不能留下吸珠、锉刀的痕迹。

④爪应比宝石台面略低，爪的高度一般达到台面高度的70%～80%。

⑤爪的卡位深度要适当，一般不超过爪的直径的1/3。

⑥卡位上面的金属面不能太薄，也不能太厚。

⑦宝石应完全贴住卡位，卡位与宝石之间不能留有空隙。

⑧镶嵌完毕后，从宝石的台面向下看去，不能看到石碗的边缘，如果镶嵌后能看见石碗的边缘，是由于石头偏小而不能与镶口吻合，这种情况下，需要将整个爪弯下去抓住宝石，不然会显得很难看。

⑨镶嵌完毕后，石头底尖不能露出石碗之外。石头露底是由于石碗的高度太小造成的，露出石碗之外的底尖可能扎伤佩戴者。

⑩镶嵌后的宝石应无损伤。

2.包镶

包镶又称包边镶，是指利用金属将宝石周边包住的镶嵌方法，是用金属边把钻石的腰部以下封在金属托（架）之内，用贵金属的坚固性防止宝石脱落。

宝石腰部被包裹的多少分为：全包镶、半包镶。

可根据宝石琢形分类：弧面宝石包镶、刻面宝石包镶。

其工艺特点：在宝石周围有一金属边包裹，工艺上称为"石碗"。

（1）分类

根据金属包裹宝石的范围大小分为：

全包镶、半包镶、齿包镶（为马眼形、梨形、心形等宝石的镶嵌方法，只包住宝石的顶角，俗称：马眼镶、包角镶）。

（2）包镶特点

镶嵌宝石牢靠，适合于颗粒较大、价格昂贵的宝玉石镶嵌。如大颗粒的宝石，如弧面形或马鞍形翡翠。包镶款式体现了富贵、大方、稳重、气派的特征，是成熟和成功的象征，适合男士或中老年女士佩戴。

缺点：宝石可视面积减小，透入光线减弱。不利于透明、要突出宝石火彩、颗粒较小、性质较脆的宝石镶嵌。如小颗粒钻石、祖母绿、碧玺等。

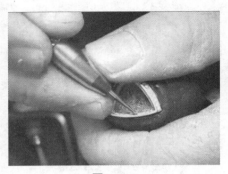

图11-19

（3）包镶工艺流程

①将石头放入镶口，观察石头与镶口是否吻合，若石头稍大，可用牙针将镶口扩大一点，要以石头腰部要能略放进镶口而不掉下为宜（见图11-19）

②用飞碟在宝石腰部所在的位置车卡位。（见图11-20）

③将石头放入宝石镶口，再用少许橡皮泥将宝石固定在镶口内部。（见图11-21）

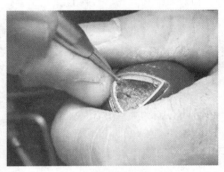

图11-20

（4）用工具敲打包边，使其贴住宝石。（见图11-22）

（5）用锉刀锉掉工具敲打的痕迹，并用小铲刀将包边边缘铲光滑流畅，再用砂纸将锉痕打磨光滑。（见图11-23）

图11-21

图11-22

图11-23

3.群镶

为多粒宝石（副石）的镶嵌方法。多配合齿镶和包镶进行，以群镶相衬，犹如众星捧月，显示出首饰华丽高贵、富丽堂皇之气派。

群镶根据镶嵌工艺的不同又可分为：槽镶、起钉镶、齿钉镶、光圈镶。

（1）槽镶

俗称轨道镶、逼镶、迫镶。（见图11-24）利用金属卡槽卡住宝石腰棱两端的镶嵌方法。可根据款式利用圆形、方形、长方形、梯形等碎钻进行镶嵌。

（2）起钉镶

又称硬镶，是在首饰金属面上利用手工雕出一些小钉来镶住宝石的一种方法。（见图11-25）

根据雕出的金属钉的图案可分为：马眼钉、三角钉、四方钉、梅花钉等。特点：随意性强，镶嵌师可创造性地在首饰上进行二次艺术创造。图案装饰性强，但工艺难度大，技术要求高。

（3）齿钉镶

是介于齿镶和起钉镶两者之间的镶嵌方法。（见图11-26、图11-27）主要以齿代钉，效果与起钉镶相同。

优点：克服了起钉镶手工雕钉较小、不够饱满，工艺技术难度较高的缺陷。

缺点：镶石位置已固定，随意性不强，无艺术再创造性。

（4）光圈镶

又称抹镶，吸镶。（见图11-28）类似于包镶，边部由金属包裹嵌紧，宝石的外围有一下陷的金属环边，光照下犹如一个光环，故名光圈镶。光圈镶由于金属光环的存在，在视觉上使人感觉到宝石增大了许多，光环也较有装饰性。

4.组合镶

在同一宝石的镶嵌工艺中，既有齿镶，又

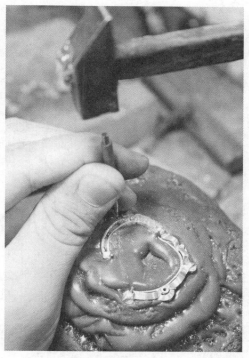

图11-24

图11-25

图11-26

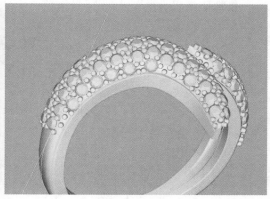

图11-27

有包镶或槽镶。（见图11-29）

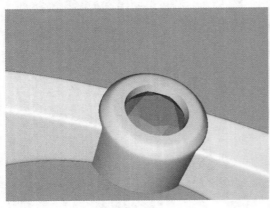

图11-28   图11-29

5.插镶

用于珍珠的镶嵌。工艺上在一个碟形的金属石碗中间，垂直伸出一金属插针，将金属针插入钻有小孔的珍珠中，从而镶紧珍珠。（见图11-30、图11-31）

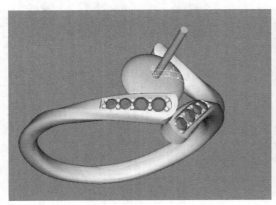

图11-30   图11-31

6.其他镶嵌方法

（1）蜡镶

在浇铸之前将宝石镶嵌在蜡模上，待倒模后宝石就被镶嵌在金属当中，适合于一些耐高温的宝石。（见图11-32、图11-33）

（2）绕镶

用金属丝将宝石四周缠绕捆绑，固定在里面，主要是一些异性的大块宝石采用此种镶嵌技法。（见图11-34）

（3）无边镶

宝石上开有小槽，像拼木地板一样的拼接在一起，之后再整体用金属包镶起来。（见图11-35）

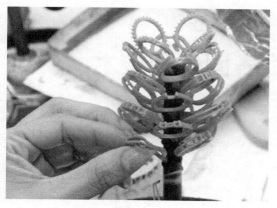

图11-32

图11-34

图11-33

图11-35

复习思考题

1.请将传统镶嵌工艺和现代镶嵌工艺进行一个对比。
2.自己试设计一个用同镶嵌技法结合起来的工艺。

小结

　　从2000多年前就被古人发明并使用至今，目前的镶嵌工艺传承了原有的镶嵌技法的同时，又迎合当今的审美需求，创造了各种镶嵌技法。包括：爪镶、包镶、群镶、组合镶、插镶、蜡镶、绕镶、无边镶。

第十二章　首饰表面处理技术

第一节　抛　光

一、抛光的定义及作用

定义：对首饰表面进行精细磨削处理，获得光洁如镜的表面。

作用：（1）增加首饰的表面光洁度。

（2）为电镀做准备，光洁度好的表面能获得性能良好的镀层。

（3）抛光一定要戴防护口罩、避免粉尘吸入人体。

（4）抛光之后要尽快电镀、以免表面氧化后导致电镀失败。

二、抛光工具

抛光机、飞碟机、吊机。

各种布轮、毛扫、戒指抛光棒。

绿蜡、黄蜡、白蜡、蓝蜡等抛光蜡。

三、抛光工艺流程（以戒指为例）

1.拍飞碟

对首饰的边、角进行打磨。（见图12-1）

2.扫毛扫

扫毛扫是一种粗抛作用，用于扫磨不平的地方。（见图12-2）用毛扫涂上绿蜡打

图12-1

图12-2

磨戒指的花饰、高低位、夹缝、镶口等地方，注意不能将爪磨损。

3.抛内圈

用戒指棍涂上绿蜡打磨戒指的内圈。（见图12-3）

可用耐磨的布包住戒指，然后在戒指棍上来回拖动布料。

戒指大约与戒指棍接触1/3，接触太多不便于移动戒指，接触太少影响工作效率。

图12-3

4.黄布轮粗抛

用黄布轮涂上绿蜡打磨较平的地方。（见图12-4）

打磨的时候手要转动移动抛光物件，不能老在一个地方抛光。

5.白布轮细抛

用白布轮涂上黄蜡对首饰进行精细抛光，达到光洁如镜的效果。（见图12-5）

抛光方式与黄布轮抛光相同。

6.光内圈

在电机轴上裹上适量的脱脂棉，再涂上适量的黄蜡，精细抛光戒指内圈。（见图12-6）

图12-4　　　　　图12-5

四、特殊部位抛光

（1）特殊部位是指布轮、大毛扫抛光不到的部位。例如夹缝、死角位、掏底位比较小的部位等；

（2）特殊部位的处理工具有小毛扫、直扫、小布轮等；

（3）特殊部位的处理一般需要配合吊机来抛光。

1.夹缝

将大头针装在吊机上，轻踩吊机，使大头针转动，在大头针上裹上适量的脱脂棉，再涂上适

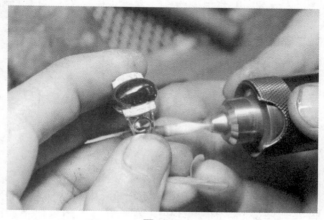

图12-6

量的蜡，对夹缝进行抛光。（见图12-7）

2.死角位

用硬度适中的棉线上涂上适量的抛光蜡、在死角位处靠在棉线上来回拖动。（见图12-8）

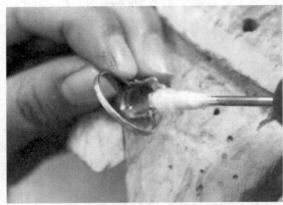

图12-7

图12-8

五、清洗除蜡

利用超声波机加除蜡水去除首饰上的抛光蜡。抛光蜡油性较高、黏附性较强，需用专门的首饰除蜡水才能去除。超声波的震荡有助于抛光粉的脱落。（见图12-9）清洗完后最好立即电镀。

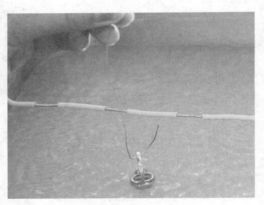

图12-9

第二节　电　镀

一、电镀前预处理

（1）除油清洗：由于抛光时采用的是一些油脂抛光蜡和抛光膏，在金属表面就会附着一层油脂、研磨剂和污泥。可以采用高压蒸汽喷射清洗、溶剂浸泡高频振荡清洗

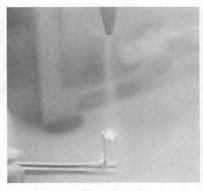

图12-10

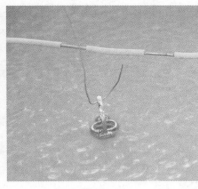

图12-11

和电解除油清洗。（见图12-10、图12-11、图12-12）

（2）清洗：用冷、热水清洗上一道工序清洗过程中表面残留的清洗剂或污物。

（3）酸浸活化：通常用浓度为10%～15%的稀硫酸

溶液浸泡，去除锈垢和其他氧化膜，浸入30～60秒后取出，要注意防止基底金属被腐蚀或产生氢脆膜。可以加入抑制剂避免金属过度酸浸，酸浸后要清洗干净。活化之后可以使镀层附着性增强。（见图12-13）

（4）清洗：电镀前立刻清洗浸酸溶液，然后电镀。（见图12-14）

图12-12

图12-13

图12-14

二、电镀液种类

（1）镀金液

（2）镀银液

（3）镀铂液

（4）镀铑液

（5）镀钯钴液

三、电镀工艺流程

先打开机器，通入适当的直流电流，再将抛光清洗干净后的物件挂于电镀机的阴极挂钩上，阳极夹住钛网，放入电镀液当中，此时不断的轻轻晃动被镀物件，以消除表面产生的气泡，使镀层沉积均匀。在电镀的过程中避免两极相碰，造成短路，烧坏电镀物件。（注：一定要先通电，再将镀件带电入槽，否则镀件将被电镀液腐蚀）

四、电镀中常见问题及处理

（1）密着性不好；

（2）光泽和平滑性不佳；

（3）均一性不良；

（4）变色；

（5）斑点；

（6）表面粗糙；

（7）云雾状小孔。

缺陷产生的原因有：①基底金属材质不良；②电镀前清洗不干净；③电镀工程不完全；④电镀过程水洗、干燥不良；⑤电镀前处理不完善；⑥电镀液温度过低或过高。

处理：①认真清洗镀件；②调节合适的电流、电压；③检查镀液温度；④发现有沉淀物时，及时过滤镀液；⑤调整镀液pH值。

第三节　成品检验

待电镀干燥后，检查物件焊接地方上是否有砂眼；镀层是否均匀；抛光是否达到光亮；细小的缝隙和夹层抛光是否到位，执模是否到位，有无锉刀痕、砂纸痕焊接痕；镶爪是否对称；镶石是否有松动或掉石；物件是否有变形；物件对称性是否较好。

复习思考题

1.请归纳抛光过程中的技术要点。
2.请说明电镀前的预处理对电镀的重要性。
3.试想自己是一位首饰质检员，是如何对首饰成品进行检验的。

小结

经过执模的首饰表面还不能达到光亮，之后通过拍飞碟、扫毛扫抛内圈、黄布轮粗抛、白布轮细抛、光内圈等工序使表面达到光亮。

部分K金需要进行。